獻給

金柏莉·唐·巴夫

及　帕克·喬安·伊格斯頓

目錄

4 靈活面對每個挑戰 173

5 原創是最好的方向 219

致謝

這本書的出版，要感謝太多太多人，就以此文致謝這些美好的人們。
首先感謝最棒的編輯喬治・萊里斯催生了這本書的出版。
感謝伊隆大學為本書所提供的資金奧援。
感謝《職場新聞》團隊的指導，因為他們的協助，才能讓本書問市。

瑪莉莎想感謝所有支持及愛護她的親友們，包含馬尼・巴卡、譚雅・吉薩、凱西・布蘭納、莉茲・沙培爾、安妮・約翰斯頓、瑞秋・麥克納瑟、茱莉・格雷迪、先鋒派團體的同事們、兒童第一社群及「家庭心臟營」的朋友，還有許多不願具名的人。她更要感謝她摯愛的先生——喬斯・伊格斯頓，沒有他的支持就沒有這本書。

而茱莉想感謝她最好的朋友，同時也是「犯罪合夥人」傑米・多利斯，提供她許多想法點子（更提供她無數的笑料）。她特別感激那些提供想法和意見給她的人、試讀她作品的人、提供環境給她寫作的人，以及過去三年來不斷鼓勵她的人：凱羅．哈樂黛、艾瑞克．瑞維諾加、艾咪．瑞、丹．瑞拉、班．昆恩、麥克．吉柏森、艾倫．布許、貝蒂．奎文、艾略特．巴夫、南西．凱瑟、蓋．波特、蘿絲瑪莉．麥拉芙林及凱特．高特利。還有她優秀的同事們提姆．皮布斯、保羅．帕森斯、潔西卡．吉絲克萊兒、理查．蘭德斯伯格、哈倫．麥肯森、蘿絲．韋德、尼可．崔奇、李．布希、大衛．柯普蘭、班．漢娜與吉娜．安德森，更提供許多腦力激盪後的新穎觀點。同時，她最最要感激她的祖母、克拉克和弗萊納，感謝他們帶給她生命中永恆閃耀的回憶。

此外，我們感謝在本書撰寫過程中，提供給我們支援及貢獻內容想法的專業人士：桂格．蓋博、強納森．桂格、傑夫．富林、麗茲．羅斯爾、布萊恩．齊德、納德及莎拉．偉斯特、傑尼斯．伯第、丹尼斯．哈維蘭、桂格．戴、艾莉絲．皮爾森．查普曼、莎拉．培根、凱特．潘蒽、雅加．伯可、丹．希爾斯、布萊德．布納加、安．坎頓、桂格．蘇利文、彼得．密契爾、詹姆斯．瑟伯、艾絲莉．雷慈、布萊克．烏爾瑟、馬修．泰勒、瑟斯．阿雷絲坦、彼得．拉默特、馬力．帕克、艾莉森．席克、戴比．霍華德，萊．凱瑟琳．

邦納、貝絲・戴維斯、布萊恩・貝爾庭、班・萊斯林、史蒂芬・哈恩格里菲斯、傑森・史考特、馬修・蕭恩、傑馬・查普曼、西達斯・達斯、傑米・巴布、阿普立爾、雷尼、亞歷克斯・勞倫斯－理查一家人、布賴恩・斯卡莫、羅伯・伊卡德、理查・伯尼爾、凱文・尼可拉斯、克萊兒・麥德莫、彼得・霍伊、派翠西亞及麥克・斯奈爾。如果我們忘記了任何人，請原諒我們犯的這個「殭屍」錯誤！

我們非常感謝完美的寫作夥伴畢伯與艾希斯。感謝契普・麥克桂格熱情地接納我們（他不僅是經紀人，也是讓我們歡笑的良師益友，很慶幸他不是殭屍）。感謝茱莉的所有學生，他們每天都激勵著她，聽她的笑話，還得忍受達夫妮。感謝克莉絲汀娜・丹尼爾－費曼、尼可・艾波比、艾瑪・沃曼及賽斯・斯壯德，你們的協助得以讓這本書順利出版。

最後，要特別謝謝親愛的帕克、馬丁・雷利斯、蘇珊・雷利斯、安及羅德・伊格斯頓、喬・莫瑟、麥克・莫瑟、德芙與夏倫・莫瑟，由衷感謝你們無私的愛。

導言：拒走陰屍路

近日「殭屍」這種怪物大為流行，不但影視媒體出現這一個個吸血的怪物，甚至還出現了「殭屍企業」，到底什麼是「殭屍企業」？近來以下兩個曝光率相當高的航空企業，恰好可以來作為解釋的例子！

殭屍A：聯合航空

2008年3月，加拿大鄉村音樂歌手戴夫．卡羅爾（Dave Carroll）和他的樂團成員在芝加哥轉機。在等著下飛機之際，他們聽到背後一位女性乘客驚呼：「天啊，他們把吉他用扔的扔出去吧！」戴夫一聽不對勁，趕緊向窗外看，只見聯航行李搬運工人魯莽地將他們的樂器扔到行李堆。當卡羅爾抵達內布拉斯加州奧瑪哈市，他發現他價值三千五百美元的吉他在運輸過程中損毀了。為此卡羅爾展開了長達九個月的交涉，以電郵、信件、電話等方式不斷投訴，聯航卻以他未按規定在二十四小時內提出索賠為由推卸責任。最後，聯航不但沒賠償卡羅爾，連一句道歉也沒有。

忿忿不平的卡羅爾決定發行一首名為〈聯航弄壞吉他〉的MV，歌詞中抨擊該航空公司的客服政策：「早知道就開車去或飛別家，因為聯合航空喜歡弄壞吉他」。卡羅爾的另類報復方式，吸引了洛杉磯時報、芝加哥論壇報、滾石音樂雜誌、有線新聞台CNN和英國的BBC等媒體的注意，他的MV也因此躋身2009年十大爆紅影片。

至2016年7月為止，已有將近一千六百萬人觀賞這部極具殺傷力的反聯航影片，並且持續引發網友熱議。

殭屍B：馬來西亞航空

在2014年，馬來西亞航空先是因為一架客機無故在印度洋上空消失，又因另一架客機在無預警的情況下被導彈擊中，墜毀於烏克蘭，兩起空難的死亡人數總合超過五百名，馬航因而登上世界新聞頭條，聲名大噪。那年九月馬航推出一系列贈票活動，鼓勵乘客分享他們下回想飛去哪裡，提供創意。但該活動名稱中文直譯為「我的終極水桶名單」，而在英文語境裡，「水桶名單」這句俚語原意是指一個人死前想完成的心願，所以，馬航這項活動彷彿是要求乘客提交自己的遺願清單。

活動一出，赫芬頓郵報、時代雜誌，和英國的每日郵報等媒體機構，皆開始嚴聲叱責馬來西亞航空毫不顧忌空難死者家屬感覺的行銷手法。一位搭乘馬航失蹤班機的乘客的遺孀在受訪時更公開喝斥馬航的宣傳活動絲毫沒有有人性。沒想到，數個月後，馬航又自認為很有行銷創意，在推特發出推文：「想遠走高飛，卻不知何處是終點？」馬航再一次用詞不當，屢犯同樣錯誤，引起更多撻伐，這究竟是逆向操作？還是行銷團隊瘋了？可知的是馬航確實更不得人心了。

殭屍企業為何物？

上述兩「隻」殭屍有什麼共同點呢？答案是這兩家航空公司都未將客人擺在第一順位，進而在溝通表達上嚴重的失誤。當然，聯航和馬航並非糟糕至極的無腦企業，但他們的溝通技巧卻打趴自己，若沒有進一步的反思與改變，恐怕很難翻轉大眾對他們的看法。像它們這樣的公司，我們稱之為「殭屍企業」，但也別急著對他們放棄，因為你和你的公司可能也是殭屍一具，或是已有了「殭屍化」的可能，甚至對此毫無自覺！

科學上的定義，所謂的殭屍學名是Homo Coprophagus Somnambulus（人類起死回生後所形成的行屍走肉）。殭屍有著腐爛的軀體和損壞的大腦，以及部分的生命跡象。城市辭典將殭屍定義為「欠缺任何情感、獨特性格，無法感應疼痛」的不死不活的生物，而且這具不死生物會「為了活下去而不惜一切代價」。

然而殭屍企業並非像電視上的殭屍那樣隨便一槍就能處理掉，因此我們深感有寫這本書的迫切需要，指導讀者們如何避免踏上陰屍路。

殭屍企業時常用糟糕透頂且極具毀滅性的方式與外界溝通，不過，它們的溝通問題其實只是外在病癥，背後隱藏著更嚴重的要害。而我們這本書將提供殭屍企業的特徵以利區分，克服一些在溝通上最基本的挑戰，並針對實際問題提供解決辦法，以及防止未來再度變成殭屍的實用意見。

在現實生活中，沒有人想變成殭屍，在我們繼續討論我們對殭屍所有的了解，以及如何醫治好你可能有的任何殭屍病癥之前，我們先來搞清楚哪些特質「殭屍」不會有。

殭屍不做的事

策略行銷公司 Lippincott 和 Hill Holiday 在 2013 年所發佈的「歡迎來到人類時代」報告中，便抽樣超過八百家公司數據以檢視企業在業務運作中的轉換手法，他們發現，現今企業成功的根本之道就是「人性化」（但殭屍與人類恰恰相反）。

首先，殭屍不是人類卻很像人類；同樣，殭屍企業也看似企業，但卻有著「欠缺人性」的特質，因此在本書中，我們在人類和殭屍之間做了許多類比，畢竟，殭屍是由人類所變成的，殭屍企業也是人們所變成的團體。因此在討論殭屍企業之前，讓我們先從個人檢視起，看看一般人是如何變得越來越像殭屍的。

先舉個「約會」的例子，科技的發達讓那些單身而想找到交往對象的人更加容易了，像 Match.com 和 eHarmony 這樣的公司就提供了新穎概念：線上約會。這類的約會網站或是交友 APP，都是利用網路來認識更多對象，方便快速也沒有太多的門檻。人們大多會在網站上寫出漂亮但不一定真實的個人資料，說些笑話、貼一些美美的照片，把版面弄得有聲有色，吸引對象來認識。但是也由於線上約會太快速方便，並且缺乏事先的接觸、面對面的交流，因而導致種種的問題。

這時有一部份人會選擇絞盡腦汁，思考如何讓約會變得完美，讓自己更有魅力來吸引到人。但有另一部份人卻殭屍化了，他們用呆板而沒有溫度口吻來應對，若這個沒機會就下一個，沒有一點人性。他們可能在前一個場合看來風趣又慷慨，但下一個場合卻又變得不近情理，以自我為中心。難道他們不正常？還是他們知覺有問題？不論如何，他們都需要好好的了解自己，並且找出核心的問題有效的解決。

一如個人，每個團隊和組織其實都可以體察自己是人類還是殭屍（或半人半殭屍）的各個階段。一般而言，一個好的團隊或組織會相近於一個成功的人：一個能隨時調整、適應狀況、自我糾正的人，而且多數時候能以成熟周到的方式進行溝通。但根據 Lippincott 和 Hill Holiday 的說法，那些在「歡迎來到人類時代」報告中屬於「人類」的那幾間公司，仍然存在著缺陷。他們的說話和行動方式雖然像真正的人，而且連小事也很上心，但仍舊無法涵蓋全部部門或單位，更多的是處在人和殭屍之間的尷尬位置。

這種處於人類和殭屍之間的公司，最需要注意的就是爭議或危機出現時的應變和溝通。說到此，不得不提到星巴克的行銷例子。好比 2015 年星巴克曾推出一個「種族融合」的行銷活動，在美國主要報紙上刊登一系列的全版廣告，廣告上出現「我們能夠克服嗎？」和「種族融合」等字眼。同一周內，店內的咖啡師也都在咖啡杯上寫下「種族融合」相關的字眼，意圖引發種族話題。

星巴克以善意的態度，來開啟一個敏感主題，但種族主題容易觸碰到不少人的敏感神經，一些「火花」的產生是必然的。好比媒體和網路輿論便對星巴克多有批評。時代雜誌專欄作家和前 NBA 明星球員卡林．阿布杜－賈巴（Kareem Abdul-Jabbar）一度讚揚星巴克，認為這是「勇敢和善意的嘗試」，但卡林也表示：「蕭茲的『種族融合』方案有個問題：他錯選了平台及目標觀眾，也錯選了代言人。」

於是當這個議題持續延燒，星巴克首席執行長霍華．蕭茲（Howard Schultz）才意識到行銷活動引起的風波，他也親上火線解釋：「我們認為開啟這個話題是很重要的。」因此最後，星巴克揚棄了這個行銷活動，但他們更付諸行動以其他方式淡化種族分歧，比方在城市社群展店以創造更多不同族群的就業和接觸的機會。星巴克這類受歡迎的大型企業可以快做出回應，乃因是他們有強大的領導班子，並懂得溝通，因此不致落為殭屍企業。但很多時候，身邊雖有團隊，還是無法解決問題，這時便可以考慮來掛個殭屍門診，檢測是否已經「殭屍化」了。

（April：真不明白星巴克在想什麼！我沒時間解釋長達400年的種族壓迫史，而且我甚至還在這班列車上呢！）

小心正在殭屍化？

然而我們知道「變成殭屍」絕不是一家公司或團隊組織的初衷，馬有亂蹄，人有失手，即便是世界級溝通專家也可能犯下「殭屍錯誤」。殭屍 DNA 其實無所不在，其實從如何處理好小問題就能看出端倪。以下是我們常聽到的典型溝通問題：

- 「我不知道要從哪裡開始。」
- 「我們的網站一團糟。」
- 「我不知道該關注什麼。」
- 「我被打敗了，所有事情都在變。」
- 「我不知道如何在我的領域裡脫穎而出。」
- 「我們嘗試創造新的東西，但代價高昂，而且似乎毫無幫助。」

此外，有些問題看似尋常，但其實暗藏玄機，以下是我們從客戶端觀察到的其他問題，可怕的是這些問題通常不受重視，因而導致不可設想的後果：

✿「盲目追隨趨勢。」

✿「小事瞎忙，大事不管。」

✿「不具策略性的創意內容。」

✿「以錯誤的方式評估績效，或根本沒有這麼做。」

✿「僅片面了解目標客群。」

這些問題深深欠缺人性化，也隱含著「殭屍DNA」，稍不注意便能讓企業成為行屍走肉。而根據觀察，殭屍通常具有以下五種特徵：

一、非人性。他們缺乏自覺與同理心。他們缺乏耐心，不夠冷靜也不夠深思熟慮。基本上，殭屍都是非人性的。

二、魯莽衝動。很難預料下一秒他們會以何種驚人的負面方式說或做出什麼事。基本上，殭屍總是過於魯莽衝動。

三、僵化不靈活。僵化他們的行動力有限，他們移動的步調緩慢，而且無法與時俱進。基本上，殭屍僵是很僵化的。

四、欠缺獨特。他們的行為與其他殭屍並無二致，他們看來或聽來都是一個樣。基本上，殭屍是難以辨識的。

五、不願付出。他們缺乏改變的動機，總是過分專注於對自己有利的事。基本上，殭屍只顧自己。

總而言之，殭屍並不在乎已犯下的錯誤，就算他們在乎並改正那些錯誤，也純粹是為了自私的理由而非服務他人。因此一旦企業真正變成「殭屍」，會迅速趕跑客戶和其他受眾。

馬航和聯航已為我們做了做沉痛的示範，對於航空業，南卡羅來納州查爾斯頓市

Chernoff Newman公司的資深副總裁，彼得・拉默德（Peter LaMotte）具有航空產業行銷專業，以下是他對這些殭屍企業的描述：

> 航空公司企圖激勵旅客以留住他們，但他們總是處於僵化狀態，這種僵化導致各類草率錯誤，比方沒有創造力的行銷活動，或者忽略對前線員工的監督。而每一家航空公司都有面對重大事件的應對策略，這些策略多半是經過深思熟慮的健全計劃，只是他們的癥結在於無法妥善回應輿論及媒體撻伐。

不論病重與否，航空公司總是可以靠像拉默德這樣的專家們幫他們修復及改善客戶關係。不過缺乏專家的你我，該如何防止自己被「咬一口」呢？這便是我們動手撰寫這本書的初心。

拯救殭屍對策

我們看到的最大問題是：缺乏判斷力。如同前述的兩家航空公司一樣，這些人缺乏判斷力，在溝通時也忽略誠實的態度。以星巴克而言，因為他們的企業判斷力佳、領導人有Sense，因此可以適時的挽救一些如「種族融合」行銷活動的小錯誤。

指出問題根源——判斷力，之後，我們將引導檢視前面提到的五個殭屍特質。還記得我們提到了「治療」這兩個字？沒錯，我們會提出面對殭屍特質的具體補救辦法。接下來會有很多的例子來學習如何面對眼前已經發生的問題，就算問題尚未發生也能幫助防患於未然。

由於腦袋受損，殭屍一般沒有明智的判斷力，也鮮少有機會注意到這些問題（其實他們也不在意這些）。如果拿起這本書，代表我們多少在意這件事，就算距離所謂的「殭屍」階段仍有十萬八千里，本書也有許多實用內容分享。

是什麼拖垮了組織，讓既有潛力無從施展？是否腦海中也有一種可以從源頭遏止溝通出問題的模糊想法？認為自己已經很仔細了仍無法找到解決方法？還是其實只是亂揮亂撞而搞得自己精疲力盡？

寫這本書的目的是想引導人們，鑑別自己與所處公司組織的狀況，而且從中獲得因應的對策，找到良好的溝通方法，而且可以將這些溝通方法運用在搶攻市占率、公共關係或盟友關係上。此外，本書還能預防或補救因殭屍的五種特徵所導致的溝通問題、信任破產、善意遭抹煞與岌岌可危的客戶關係，也能修補客戶的負面觀感。

但是，為什麼這本書能夠提供有效指引呢？

掃蕩殭屍大師

首先，我們有兩位大無畏的掃蕩殭屍大師——茱莉及瑪莉莎，她們經常觀察和處理及拯救殭屍，可以說是殭屍剋星也不為過。她們曾說：殭屍存在於每個小城鎮、大城市，及各種正嘗試進行溝通的組織內部，換言之，「殭屍」無所不在，而且很可能你我都已經被「咬了一口」。

茱莉是伊隆大學的大眾傳播教授，同時身兼副系主任一職，她是策略擬定方面的專家，也是個人及小型企業的教練與顧問。伊隆大學是北卡羅來納州一所小型私立大學，以致力於學習和推動國內認證的溝通計劃而聞名。她希望她的學生皆能在前線作戰，因此，他們總是與營利組織和非營利組織密切合作，協助解決各種殭屍行為。他們的足跡遍及奧美集團（Ogilvy & Mather）、安可公關顧問公司（APCO Worldwide）、埃德爾曼公司（Edelman）與專業社交網站領英（LinkedIn）。她一直潛心研究判斷力、價值觀和溝通策略，十餘年來始終不輟。

茱莉認為讓學生試著處理殭屍企業，會使學習更具挑戰性，畢竟殭屍是她在大眾媒體和公共關係課程上最好的研究案例。她也是一個利他主義者，小時候，她曾想像自己有一天會經營一家擁有五間房的旅館，每晚住宿費只收一美元，她從未放棄這個念頭，但是她後來在拯救流浪貓等方面獲得很大的迴響，所以她想，為什麼不拯救有機會成功的企業？

而我們的另一位作者瑪莉莎，是一名十分專業的溝通顧問，主要協助策略擬定和客戶體驗。她曾在北卡羅萊納大學新聞系受訓，並協助州政府組織制訂有效的溝通計劃及推展令人信服的內容。雖然許多客戶經常聯繫瑪莉莎以尋求諸如輿論媒體的應對策略，但她卻進一步協助他們看到真正的核心問題：身份定義不明。

於是，當她們意識到殭屍無所不在，便開始積極接觸更多人，以便獲得更多資訊，並且一路研究、拯救有著殭屍 DNA 的行為組織。經她們協助而恢復正常的殭屍企業包含：心理學家、房地產經紀人、會計師、牙醫、IT 顧問、電子商務草創企業、瑜伽工作室、教會、藝術家、非營利組織及大學系所族繁不及備載。然而，殭屍 DNA 正在蔓延，殭屍企業也有增無減，現在是一個需要採取更積極行動的時刻。

加入殭屍救援隊

有關溝通的任何決策都十分重要，但是若更深入地了解事件的核心、規劃好身份定位，對於穩定企業，有著不可磨滅的必要性。當企業無法精準確認自己為什麼無法達成良好溝通時，多半可以追溯到企業本身的身份界定問題，換言之，身分定位的穩健，是有效溝通的基礎。

各位都是「殭屍救援隊」的潛在成員。在本書中，會有各式各樣的組織案例作為前車之鑑，同時也強調哪些案例處理得當，可以做為效法的對象。文中的清單及立即上手的實用技巧，將會有助於不論是企業、工作、職場、人際甚至是愛和家庭的和諧，並發展一套人性化的健康習慣，甚至還可以藉此影響他人！

如果感覺到自身或周圍已經面臨「屍化」的情形，本書將會引導、陪伴，直到度過一切困難；又如果確定自己離殭屍距離遙遠，本書將會讓每一步的腳印更穩，就算面臨挑戰仍可以堅定立場。無論是企業負責人、公關專員還是財富榜上有名的執行長，我們都可以協助改善組織裡的溝通問題，讓團隊脫穎而出，而且有效吸引目標客群的目光。

快加入殭屍救援隊，一起對付殭屍吧！

Part

01

從最裡面
開始搞定

Charging

美好的星期天來到，吃份炸雞配鬆餅如何呢？若真有打算，那建議選擇福來雞（Chick-fil-A）以外的速食餐廳。

福來雞（Chick-fil-A），這家創立於1946年的熱門速食連鎖店，他們最大的特色一點就是「周日不營業」。這家美式速食連鎖店的創始人楚特．凱西（Truett Cathy）表示，「我沒有為了獲得更多的財富而放棄這項原則……星期天不營業是我們尊重上帝的方式，而且我們可以將注意力引導至比業務更重要的事情上。」

的確，這家標榜基督教精神的公司多年來也贏得無數獎項，包含富比士「2013年美國最具啟發力公司」名單中排名第四，美國職場人力資源調查機構Glassdoor「2014年原創文化與價值公司」名單中排名第七。

十分擁護基督教精神的Chick-fil-A，自然必須面對許多批評聲浪，比方2012年福來雞就遭受同志友善團體與其支持者的強烈抨擊，乃因是該公司執行長對於傳統婚姻制度的擁護，也捐款給國際婚姻組織等等傳統婚姻團體。

但福來雞也有它的善意表示，好比在2016年，在奧蘭多的一間同志夜店Pulse Club發生大規模槍擊案，造成49人死亡。而位於佛羅里達州奧蘭多的福來雞員工在事件發生後，率先提供食物給響應救災及捐血的民眾。同時福來雞也在網站上表示，說明布施一直是個重要價值，特別是在危機時刻。並且說道：「我們愛這個城市，愛這個社群的人。天佑奧蘭多。」

儘管有些爭議，而民眾似乎對這家美國人最喜歡的速食店極度寬容。致勝關鍵在於福來雞懂得專注於建立客戶忠誠度，而且總是提供忠於原味的雞肉三明治，數十年來如一日。

如果對福來雞所抱持的價值觀印象深刻，那我們可能也會喜歡友善食品（KIND）。

這是一家位於紐約的水果、堅果店。自 2004 年開業以來，友善食品的銷售額每年都倍數成長，2014 年就有超過 12.5 萬家零售商採購友善的商品，若換算成產品銷售額則超過 4.5 億美元。

友善當年在考慮過無數店名後，極樂世界（Nirvana Now）和健康天堂（Health Heaven），創辦人兼首席執行長丹尼爾・魯伯斯基（Daniel Lubetzky）和他的夥伴拍板定案了 KIND 這個店名，因為它反映了公司的成立宗旨：「友善身體，友善味蕾，友善世界」。他們刻意選擇了一個具有人文意涵的簡單名字。

魯伯斯基在他的著作《友善的事》（The KIND Thing）中解釋了十則價值觀，如「透明化」、「信任感」，「同理心」與「大膽創新」等，充分反映出 "KIND" 是什麼。

友善將這十項原則運用在不同的業務面向與溝通決策上。例如，貫徹透明化原則，公司故意選擇透明的包裝紙來包裝，在當時看來這個做法與其他同業是背道而馳的。此外，為了確保能與客戶建立信任，友善設計團隊在友善網站上使用水果圖示。魯伯斯基解釋：「我們不用假的食物圖片，我們甚至沒有食材成分照片，因為多數食品公司已經濫用了這種技術，消費者反而下意識地不信任他們。」

2015 年初，美國食品藥物管理局（FDA）將友善納入測試，並向魯伯斯基發出警告：某些友善產品的標籤和廣告健康用語不符規定。雖然友善的標籤自 2004 年以來一直是統一規格，但 FDA 似乎對友善產品中的脂肪含量感到擔憂，這也許是因為產品中含有大量堅果。（對此，哈佛大學公共衛生學院營養系主任 Dr.Willett 偉萊特博士則認為 FDA 此舉是杞人憂天。）

令人驚訝的是，友善並不與 FDA 對抗，反而在 FDA 發佈警語的同一天，在一篇網路文章中分享了警語內容，並向粉絲們保證，他們正在努力調整被 FDA 認為是錯誤標籤的品項。這篇文字除了說明該公司產品的健康性之外，也同步連結了兩篇解釋堅果營養價值的外部文章。

2015年12月，在營養專家的支持下，友善提交了一份公民請願書，要求FDA以最新研究數據來定義「健康」一詞。爾後，2016年5月，FDA便重新評估了先前的決議，並允許友善採用原始包裝標籤，也包括了健康類的用字。FDA進一步表示，他們將根據最新的營養研究和公民請願，來重新定義「健康」一詞的意涵。

以上的福來雞和友善食品兩家公司，他們都有很大的特點，便是他們都十分了解自己的企業定位，也同時捍衛他們所做出的承諾，這就是一個十分重要基礎——定位與價值。

定位自己

殭屍企業多半不能像福來雞和友善那樣做出反應，因為它們存在於生死之間，對自己的企業定位沒有明確的認同感。因此，企業的根本和定位身分有極大的關係，你我也可測試組織是否已經有明確的身分定位。

此外，身為人類，我們當然也有自我的定位。一旦有了身分定位，就彷彿吞下定心丸，但若對自己的位置在哪裡並不清晰，那可能時時會有一些問句在茫然的心裡徘徊不去：

天哪，我有博士學位，但又如何？

我是一名母親，而我剛剛辭職。天哪，我該何去何從？

但事實是，我們可以是任何我們想要成為的人。資訊時代與數位世界讓我們可以扮演任何想要的樣子。我們在推特上可以是專業人士，也可在臉書上扮演不同人的角色。人是自由的，但若人的自由缺乏方向，便可能導致一連串問題。因此定位自己、了解自己的初衷是最重要的，「定位」永遠先於「方法對策」的。「定位」就像是一把鑰匙，一旦「定位」好了，「方法對策」就可以更順利的推行。

當然對策和方法也是重要的，若是欠缺方法對策，就缺少了第一線的危機處理。

比方說，一名少女為了到達某處而無照駕駛，她的目的是清楚的，但她無照駕駛意味著她缺乏一定程度的駕駛知識，且在不清楚汽車操作原理的情況下駕駛車輛，碰到麻煩是可以預見的。不少組織可能像一個空有想法，但毫無準備的無照駕駛，即便知道要目的地，但若欠缺訓練與練習，也不會是一趟安全的旅程。因此不論是個人或組織，都應該去了解自己是誰、來自何處、為什麼而來。因此個人身分定義可被簡化為「人何以為人」、「人存在的目的是什麼」等字眼，同理，組織的身分定義也可以簡化為「組織何以為組織」、「組織存在的目的是什麼」，別忘了，組織跟人是很相像的。

星巴克與人類精神

雖然星巴克在操作「種族融合」活動時失了準頭，他仍然是具有人道主義色彩的企業，其最大的成功便是企業長期以來致力於和顧客、員工建立信任與友誼。該企業總是鎖定「情感連結」，即便像名字與商標這些小細節也都要充分反映「人性」。

「人性」實際上是該企業的身分基礎，他的定位是透過一次次人、咖啡與鄰里間的互動，來培養人類精神。如此，星巴克如何為其企業生命奮鬥而不失去靈魂？首席執行長霍華德．舒爾茨（Howard Schultz）說明自己的觀點，也進一步說明客戶與品牌的關係：「精心打造的品牌是無形的資產……有助企業內涵。我們努力創造長久關係和個人連結，而星巴克是最好的結果。」

2008 年經濟衰退之後，四十年來星巴克也首度出現兩個緩慢成長期，由於企業過去過度擴張，以致產品質量及客戶經驗出現惡化。舒爾茲表示，「過度自信讓企業變得傲慢，而這也導致某種程度上的混淆，有些人甚至丈二金剛摸不著頭腦，因為他們不知道星巴克想說什麼。」

面臨此種境況，星巴克迅速的做出了應變方針，他首先重申了企業核心願景、使命與價值觀，該公司投入大量的時間和資源與臉書及推特等社交媒體上的消費者接觸，也根據 MyStarbucksIdea.com 上的客戶回饋採取直接行動。

其次，星巴克也開始關注店內的小細節。例如，它將所有的義式濃縮咖啡機與位在櫃檯下方的機器對調，以便「讓咖啡師和客戶可以進行視覺及言語交流」。

定位的重申、種種細膩的調整，和關注客戶的反饋，讓星巴克的人味十足，並持續領先其他小規模競爭對手或獨立咖啡店業者。品牌的成功及品牌忠誠度的維持，讓星巴克成就一個企業成功轉型的案例，而且不僅倖存下來，還更勝以往。

界定好你的身分

身分定位是由核心價值所構成的，在圖中，我們可以看到身分是組織文化及其品牌的基礎，當身分定位明確，且有所區隔，組織便能吸引群眾共同分享其核心價值，而分享共同的價值觀則能大大提高社群認同與忠誠度。

組織文化是以核心價值為基礎，反映出組織

成員之間的關係，是組織內部所有人共同分享的意識形態與行為，而他們的互動和行為表現反映出他們所分享的價值觀。（在許多組織中，我們發現互相問候或彼此間非正式的 EMAIL 出現在同事之間，是相當普遍的。）

但是，品牌定位其實很容易混淆，乃因為這些單字被多方使用，甚至有些專業人士也可能會混用，不少專家和專業人士在談論這類議題時可能使用品牌定義、品牌概念或組織認同等等術語，但不盡然是正確的。

身分定位與品牌

身分定位與品牌兩者有很大的差異，它們並非同義詞。品牌是企業向社會大眾所描述的，而身分定位則代表企業本身。

——杜克大學行銷與戰略傳播執行總監
阿妮絲．哈維蘭德（Anise Haviland）

因此，品牌一詞變得有些晦澀，特別是在媒體傳播的使用上。例如我們所領導的焦點小組中，參與者經常將品牌一詞與「手段」或某種人為造勢相聯結。這種用法在認同組織的成員和忠誠客戶之間將會形成障礙。

不論品牌一詞具有正面或負面意涵，它都不是一個非常人性化的詞彙。任何讓公司減損「人性化」的事情，都會影響客戶的體驗。因此公司員工應該考慮「品牌的聲音」還是「人的聲音」？於我們而言，放棄品牌一詞可能是種更加人性化的考量。

以下是我們看到的，一些有關身分定位的問題：

✿ 身分是基於核心價值而定，這些核心價值就是組織的核心，核心價值所衍申出的形象、一言一行都會影響整個的組織運作。身分定位由組織成員決定，其中領導者對組織的身分定位通常具有決定權，如：商學院的核心價值可能包含領導力、勇氣及創造力。

- 身分定位不是一個想法或具有創造性的概念，得以據此銷售產品或服務，而是讓目標客群相信這個組織、公司甚至領導人就是如此。品牌與身分定義的不同處在於，品牌通常源自於具體的記憶和體驗，因此品牌其實是組織成員與組織外的客戶、合作夥伴共同打造而成。好比有些商學院的品牌定義可能圍繞著此一主張：「我們是一所想要改變世界、大膽創新的一流商學院」。品牌也包含在身分定義中，如前述商學院的例子：學校的核心價值是領導力、勇氣及創造力。

- 大型企業多半擁有「金字塔結構」，即組織可能會創造一些小品牌，而這些小品牌也總是能與公司身分相連結。例如，嬌生公司（Johnson & Johnson）負責的品牌包含露得清（Neutrogena）及邦迪（Band-Aid）。嬌生公司具有明確的核心價值得以領導企業，但我們都可能有與露得清有關的回憶和經驗。我們無須因為它母公司的價值觀而購買露得清產品，而往往是基於我們對露得清的體驗才購買。

✿

在較小的企業組織中，品牌和身分兩者可能無法明確區隔。例如，牙醫可以根據其身分簡單構建自己的品牌，更大的科技公司甚至是大專院校也可以如法炮製。因此在某部分組織可能會發現，身分和品牌之間並沒有明確界線。

然而，除了品牌，本書更側重於身分定義。這就是為什麼我們必須完全負責自己的身分定位。組織現在如何？未來又會變得如何？身分定位都會在組織運行的過程中會影響消費者觀感。

公司投注時間、金錢和精力於品牌的建立，但是，如果把這些資源放在身分定位上可能更有效率，也更具影響力。消費者感受到的不只是品牌理念，而是企業的身分定位。

缺乏清晰而明確的核心價值，即便公司的品牌創造力如何酷炫，都會讓人感覺不切實際也不夠人性化。因此重新檢視自己的身分定位非常重要，身分定位的明確清晰可以有效避免企業成為殭屍的可能性。

那麼，要從哪裡開始？讓我們討論如何獲得具有前瞻性的身分定位。

不變的身分定位

> 我們非常堅持我們的身分定位。所以我總是說，若因為不符合身分定位以致失去某個建議或策略，我會很滿意這樣的結果，因為我寧願失去一個點子，也不要變成為他人想要的樣子。
>
> ——SalterMitchell 首席執行長兼創意長
> 彼得・密契兒（Peter Mitchel）

在考慮如何溝通身分時，組織必須考慮它自身的意義，也就是核心價值，以及它的獨特性與區隔性，而確立好之後，更要貫徹並堅持此核心價值。組織認同大師馬克・羅登（Mark Rowden）認為身分是「另一個世界的固定形象」。強而有力的身分定位便根源於穩定的核心價值上。一旦此一身分定位堅實有力，組織的想法和行為就會被發揚光大。

以有著悠久歷史的嬌生公司為例，其行事風格與知名的價值觀或企業哲學被稱之為「我們的信條」。其中，嬌生公司承諾「以醫界、病人、消費者、員工、社群和股東（按順序）的需要及福祉為依歸」，更以「我們的產品必須是高品質的」具體化公司的核心價值。嬌生公司強調，這個信條「超越有形的界線」，而這也是一個「商業成功秘訣」。

如 1982 年，有部分消費者因為服用了被竄改包裝的泰諾林止痛藥而意外死亡（Tylenol，嬌生旗下品牌之一），「我們的信條」便引導嬌生公司立即採取相應行動。他們以顧客優先及產品安全為考量，不計利益地全面回收 Tylenol 膠囊，並且與媒體保持密切聯繫，同時向大眾保證，會繼續開發防篡改包裝，防治人們的健康受到傷害。

自此，泰諾林事件便成為公共關係學者、公關從業人員及教科書中視為危機處理及溝通的經典案例，因為它清楚的展現了身分定位如何促使該公司做出負責任的指導決策。嬌生公司將消費者的安全凌駕一切，儘管承受短期虧損，但或許是危機處理得當，公司股價隨即高漲。至到今日，泰諾林仍然是一個值得信賴的藥品牌。

而嬌生公司也繼續堅持其核心價值來採取一切行動措施。例如，嬌生公司公開支持2015年最高法院對同性婚姻的裁決，在推特上放上一則形象廣告，讚揚最高法院的裁決，同時也發佈了新聞稿且引用「我們的信條」作為依據：「嬌生公司對最高法院作出承認婚姻平權的裁決表示十分認同。一如『我們的信念』所傳達的，我們有責任尊重員工的尊嚴，並提供所有人平等的機會。今天的法院的裁決也讓我們支持同性關係員工的承諾得以落實。」

定位明確的核心價值，是引導溝通和行動的基礎，更讓企業站穩腳跟，進而發展版圖，嬌生公司便是一個極佳的例子，值得效法。

變動的身分定位

身分定位的穩定和清晰度決定了日後溝通和行動的基礎，且身分定義會透過視覺、書面、口頭信息以及種種作為展現出來。因此，身分定位保持一致性十分重要，若多有出入，或是缺少統一標準，身分定位便欠缺公允，也間接影響信任度。而企業一旦決心要改變，重塑定位，也要在改變的期間和客戶持續溝通，與客戶建立關係。許多例子顯示持續溝通核心價值，會讓顧客感到愉快與安全。

不過，世界上唯一不會變就是「變」，有了堅定且一致性的信念基礎並不意味著就可以屹立不搖，也不代表同樣的想法可以一再套用，我們可能得用從未試過的溝通方式或行動來回應不同的情況。

每個組織對自己身分定位的認知，可能會隨著時間的推移而有所改變。雖然身分定位必須十分穩固的，但不代表它是停滯不前的。有學者將身分定位描述為具有「靈活應變」的本質，認為：「具有連貫性的身分定位具有調整與闡述其本意的特質，同時能保留『核心信念』，與時俱進，延伸價值定位。」所以，認清自己的定位開始，並擬定計畫、讓自己逐步「升級」吧。

Zappos 的變動案例

成立於 1999 年，專注於客戶服務的 Zappos 是現今線上第一大鞋類網站。Zappos 的網站揭示，公司唯一的任務就是儘可能「提供最好的客戶服務」從該網站擁有近 10,000 個客戶給予激賞的評價，就可以知道 Zappos 必定有好好落實公司的核心價值。

即便網絡巨擘亞馬遜在十年後收購了 Zappos，Zappos 仍保留獨特的文化。因為 Zappos 具有企業身分定位，並依此身分定位驅動一切業務決策和溝通工作。Zappos 堅持既有的公司信念，因此自 2009 年被收購以來，Zappos 仍年年被《財富雜誌》評選為「年度最佳公司」。

Zappos首席執行長謝家華（Tony Hsieh）在其書《Delivering Happiness》裡面寫道：「許多公司有核心價值，但是他們通常聽起來更像是新聞稿內容。也許第一天能夠引人駐足，但日子一久，它只是掛在大廳上的一塊匾額，不痛不癢。真正重要的是提出企業可以承諾的核心價值，並且堅持做到。」

Zappos的十個核心價值

1. 提供令人眼睛為之一亮的服務。
2. 擁抱和推動變革。
3. 創造樂趣，有點奇異。
4. 冒險、創意與開放態度。
5. 追求成長與學習。
6. 公開、誠實的溝通關係。
7. 建立正面的團隊和家庭精神。
8. 事半功倍。
9. 熱情、堅定。
10. 謙卑。

公開、透明與誠實，對於 Zappos 來說是相當重要的一環，2008 年 Zappos 也因金融海嘯，裁去8%的員工，謝家華不同於無緣無故裁撤員工的老闆，他一一寄給員工詳細的電子郵件，說明裁員的前因後果，而他也同時將訊息發佈於自己的部落格，讓外部的人也可以同時獲悉此一訊息，公開且透明。

Zappos 是健全的公司，而且也有迎接挑戰的準備，同時所有 Zappos 員工都清楚公司的身分定位。因此，在核心價值不變的前提下，在溝通方法上做調整，依然可以維持身分定位的一致性，適應不同的情境或狀況。

什麼是價值觀？

身分定位的確立，便是從抽象的價值觀而來，如同價值觀決定了我們作為人的各種反應和判斷，它自然決定了企業身分定位、策略、方向等所有一切，十分重要。社會心理學家彌爾頓・羅克夏（Milton Rokeach）定義「價值觀」一詞為「個人或社會所偏好的信念」。一個人最基本的核心或主導信念，一定包含一套個人的價值觀。他在研究中便探討了兩種不同類型的價值觀。

功能價值觀

功能價值觀或信念體現在方法面和現實層次，其會影響人們面對各種事件的決策和反應，諸如工作、人際或日常行為等等，比如：

- 企圖心
- 心胸開闊
- 開心
- 寬容
- 獨立
- 愛
- 有教養

比方說，「企圖心」代表對事業工作的進取，因此便可以「企圖心」做為對自己或其他人的形容，而如「勤奮」或「熱切」也都是相似的概念。又如「心胸寬闊」代表一個人在人際和各項事物的接受程度，也體現在生活和交際面上的選擇。

終極價值觀

終極價值觀是最終想實現的主要信念，是一種想到達的「最終狀態」：

- 平等
- 自由
- 幸福
- 內部和諧
- 愉悅
- 社會認同
- 智慧

由此，可以檢視自己或所待的事業的價值觀，是否包含上述內容？好比「幸福」是許多成功企業所追求的價值觀體現，是快樂的最終狀態。重視幸福的企業可能會在廣告宣傳中放上可愛的企業頭像或有趣的吉祥物；企圖心強的技術創新類企業可能重視社會認同；善於溝通的企業可能重視內部和諧。但無論價值觀屬於功能型、終極型或是介於兩者之間都沒有優劣之分，認清楚它們意涵和並且發揚這個價值觀，才是最重要的課題。

北卡羅來納州的資深教練，同時也是組織顧問凱特・潘澤博士（Dr.Kate Panzer）曾指出：「如果你知道什麼對自己很重要，那你的價值觀將成為一個可靠的指南，導引出對未來有利的決定，並能走向成功。」因此從中階主管、高階主管、小型企業主，甚至大型企業等客戶，探索他們的價值觀是必要的第一步。價值觀會決定一個人的選擇和行為，在私領域中的價值觀也可能連帶影響公領域的行為。以下是潘澤博士所碰過的案例，正可以解釋價值觀會直接影響生活和商業上的種種：

麥克，是個十分重視秩序和效率的人，即便像修剪草坪這樣的生活小事也是效率飛快。他俐落的地直線修割草坪，而且越快完成工作，他就有一種滿足感。同樣的一套價值觀也被麥克運用在他的工作上：速度快、錯誤少、效率高。

只要符合了自己的價值觀，大部分人都會有一種滿足、舒服或穩定的感覺。但若我們會因為某件事情感到焦慮或激動，那其實是代表我們的價值觀受到了質疑或違背。舉個例子，麥克的妻子珍妮是個喜歡創造的人，曾經有次她割草時，突然靈光一閃將草坪修整成類似棒球場的感覺，偌大草坪上有著對角線的痕跡。

但麥克認為珍妮的做法效率奇低，讓她必須花更長的時間修剪草坪，每當他開車出門看到草地上奇怪的圖案時，都會一再想起這件事。因此每當珍妮提出自己要修剪草坪時，麥克都會感到沒來由的焦慮。

正如我們有時對同事或客戶會感到一些焦慮或激動，這種感受一來時我們不免會心煩氣躁，但換個角度想，這種時候也正是仔細觀察彼此價值觀的時候。透過這種感覺的追溯，可以了解自己的價值觀與工作中的其他人是否一致？且若清楚了自己的價值觀，更可以幫助自己欣賞別人的價值觀。

舉回麥克和珍妮的例子，其實當珍妮在除草時，她是十分享受的，除草這件事給了她一個獨處的時間，同時實現她的美學，因此草地上的各種圖案為她帶來許多快樂與成就感。因此當麥克後來意識到珍妮的草坪修剪方式其實也是她的價值觀的展現，他便不再有焦慮的感覺，並且感到釋懷了。倘若麥克不去了解，並試著要珍妮套用自己的高效率除草方式，這樣不會讓珍妮感到滿足。了解至此，會發現其實一開始兩人都以對自己最有收穫方式來修剪草坪，而這件事的各方面其實已經最合乎效益，只端看是否有去了解對方。

若回到企業裡，了解自己的價值觀與員工或同事甚至競爭對手略有不同，可以減輕不確定感所帶來的壓力，也可以針對不同的價值觀做出最適宜的溝通決策。

於是當麥克知曉不同的價值觀會影響不同的行為，他便茅塞頓開，並靈活綜觀全局，開始對不同作法採取更為開放的態度。即便影響麥克最多的價值觀是秩序與效率，但他試著用欣賞的角度來體會不同價值觀所成就的效益。也因此，麥克正持續學習保持自己和其他價值觀的平衡，並漸漸成為一位重視友善工作環境的主管。

麥克的例子便說明了價值觀在商場扮演的重要角色，它們會塑造組織的整體文化，並影響各方面的規劃和行為，相當重要。因此，了解組織身分就從理解內部的價值觀開始，才可以發展更強大的核心價值。

發展強大的核心價值

若走進茱莉的戰略溝通課堂，有可能會撞見一個個學生躺在地板上，埋首紙張完成他們的課堂作業。這是茱莉用來引導每個人，來找出自己價值觀的一種方式，她要求學生們在紙張上畫出一幅自己的全身，並用單詞和圖像來標記各種部位。女性通常先從心開始畫，標註內在的價值觀，如「愛」、「和諧」或「和平」等等；而男性則經常用他們所成就的工作來標示他們的手；也有人從腦袋開始，用「創意」來標記大腦；少數學生會畫上頭髮、眼睛、鞋子甚至珠寶來說明自己的外部特徵；也有少數情況下，學生會描繪：海灘、山脈或城市景觀的環境來表達自己。在這個過程中，學生們可以試圖找到自己的身分定位，並思考如何讓其他人感受到自己的價值觀。茱莉也讓傳播界的專業人士作了同樣的練習，但沒有要求他們在躺在地板上，卻給了他們一個小圖樣。

現在我們也可以試著按照下列步驟，做一樣的練習，來幫助清楚自己的價值觀：

1 在網路上隨意找個圖樣，並使用顏色、單詞或符號在紙上寫出對這張圖樣的看法，大約五項以上，但不必想太多，以直覺回答即可。

2 接著，請再列出所屬的事業、組織或公司的核心價值觀。

3 用來表達圖樣的字眼或單詞，反映了自己的個人價值觀。我們將個人價值觀和工作的價值觀做一個檢視和比較。

理想情況下，個人價值觀和工作價值觀應該會有所重疊，甚至可能相得益彰。

以下是一位住在新罕布夏州的朋友傑米．多瑞斯（Jamie Doris）做的練習，他過去曾在波士頓從事廣告業，但為了追求更簡單的生活及打造新事業，他投入了古董收藏品經銷商的事業。他對他現在的事業有著滿滿的熱情：「我能夠保有人際互動的一部分。同時也可以兼顧我所喜歡的藝術，所以這是個具有創造性的聰明事業，結合過去沒有的獨立和自主性。這條新的道路十分適合像我這樣的人。」多瑞斯也依此練習列出他的個人價值觀和工作價值觀。

個人價值觀：

- 善良
- 誠信
- 好奇心
- 謙卑
- 勇氣

工作價值觀：

- 真實性
- 獨特性
- 價值感
- 持久性

從多瑞斯所列的詞彙，我們可以發現他的個人與工作價值觀是相似的，他的誠信與真實性吻合了他的工作處事。曾經一對老夫婦向他展示某項珠寶，他們只要求多瑞斯以50美元收購，但多瑞斯卻付了400美元（他說這是「公平的價格」）。結果，這對夫婦邀請多瑞斯到家中，讓他收購了更多的商品，讓他的藏品更臻多元。

此外，多瑞斯的個人好奇心，也驅使他找到獨特的物品販售。他持續不懈的以熱切的目光探索擁擠的閣樓或黑暗的地下室，因為他知道某人的垃圾可能是別人的寶藏！

由多瑞斯的例子，我們可以說對於小型組織或獨資企業來說，個人價值觀和商業價值觀相近是很自然的，不過這種模式也可以出現在更大的組織中。

如果作為一位公司執行長或高階主管，那所列出的個人與工作價值觀是否一致性是很重要的，因為它們直指一個強大的核心價值——事業反映個人，個人反映事業，這是真實可靠的基礎，所以的溝通將圍繞這些原則而執行，這也是人性化企業與殭屍企業最大的不同。（殭屍企業不會有核心價值，即便有也差不多變成口號了。）

又如果作為大型企業的員工，部分的個人核心價值觀與公司重視的核心價值觀需要有相近的地方。理想情況下，自己的核心價值反映了所任職的公司，而這間公司也反映了部分的自己！最重要的是，如果這是確實是自己日常工作的一部份，那麼釐清公司的價值觀會有助於自身建立責任感及向心力。

一旦我們列出足以代表公司的核心價值清單，也請和同事們一塊檢查，最好的做法是，也同樣請列出他們自己所認為的公司的核心價值，但先不用提出自己的個人價值觀，若將眾人的價值觀排排放比對，便可以從中得知，哪個價值觀可以精準地反映出公司的企業核心價值，而這時只要將這個核心價值寫下並放在隨處可見的地方，時時作為參考，它將會有效的避免成為公司變成殭屍的可能。

一切都源於核心

茱莉曾有個關於核心價值的論文研究，這個研究在分析十家非營利服務殘疾人士組織的行銷和公關素材，諸如標語、網站、小冊子等等。這些組織認為自己提出的方式是有益且具有積極性的，它們相信家庭、友誼、彼此尊重和相互認同等等相關連的價值觀。這些價值觀很美好，但是，這些組織卻如殭屍一般，因為在某種程度上，我們無法區分這些價值觀之間的差異，以至於他們的模式總是千篇一律。

強而有力的身分定位，始於核心價值，除了誠實、穩定、靈活、原創和真實交流以外，個重要的是獨特性。若是非營利組織也罷，但若是商業企業，運用策略為消費者勾勒出公司的獨特形象是首要的溝通問題。

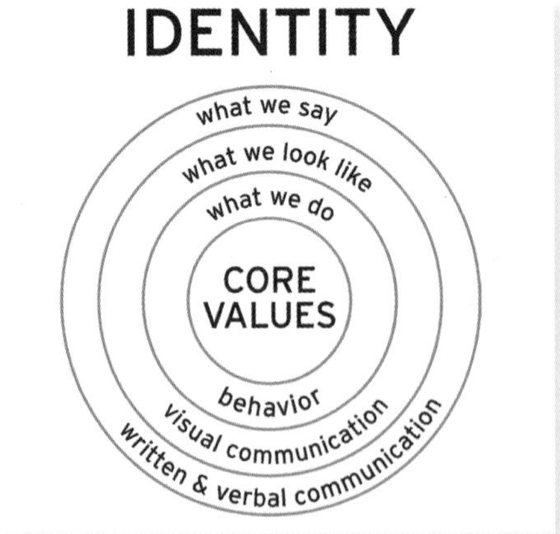

仔細檢視上一段所寫下價值觀，並思考工作時所做的行為、話語或是企劃等等層面是否有貫徹呢？並問自己消費者是否會以這樣的價值觀來理解公司呢？這間公司是否跟其他提供類似產品或服務的公司相同呢？這間公司看起來像個人還是殭屍呢？

一切公司所做出的行為和行動，用來表達的語言和視覺，都始於公司的核心價值，而這個核心價值將會反映公司內部狀況及外部形象。

檢查願景

個人價值觀將會成就一個人的自我定位，猶如核心價值觀也確立一間公司上上下下的身分定位，但若忘了自己的身分定位，就可能發生如殭屍般的溝通方式。因此，在建構各類內容時，須將核心價值視為最高指導原則，落實於網站、影片、宣傳冊、標語、各類宣傳及社交媒體貼文的所有內容上。

最簡單的方式之一就是檢查企業的願景或使命。我們建議同時擁有這兩項，儘管我們知道有時企業會改變一些用語，且不會發佈正式聲明。但只要對自己的身分定位明確，塑造企業願景和使命有所想法，我們就可以大刀闊斧的規畫這些概念。

所謂的願景，其實就是「成就夢想」，即是我們想要達到的最高成就！它應該可以反映自己的終極價值觀。例如，如果一個協助流浪者的非營利組織的願景可能是杜絕無家可歸，換句話說，願景將反映一個人或組織的終極價值觀，如「幸福」、「平等」或「消除歧視」。當然，有些願景也可能導致組織經營不善，關鍵在於這個願景是否有實際上執行的必要。

願景體現一個人或一間企業終極價值觀，若一間企業可以提供其他人無法提供的解決方案、無可取代的價值、無可磨滅的願景，那將不會有任何競爭，消費者也必定會選擇！

Zappos的公司願景便是如此描繪的：「有一天，美國30%的零售交易將在線上完成。

人們將可以從提供最好服務和最好品項的公司來購買商品，而 Zappos.com 就是那個網路商店。」

要實現企業的願景，便要靠企業的使命。Zappos 不僅發佈官方使命，也列出核心價值，明確指出 Zappos 要提供最好的服務和最佳選擇。所謂使命，便是成就願景的落實策略，要確保使命能清晰地描述如何有計劃地實現願景。它應該能反映出一切行動的工具性價值觀，而它也可以激勵工作夥伴，突顯與競爭對手之間的差異性。

時尚眼鏡製造商 Warby Parker 公佈在網站上的使命即為「引領潮流並提供革命性價格的設計師眼鏡。」簡單來說，Warby Parker 希望所有人都能「用平實的價格來找到快樂及美好的外表。」

Warby Parker 的願景揭櫫每個人都應該看到或感覺到美好的自己，它的使命也描述了如何達成這個願景：提供消費者負擔得起的時尚選擇。此外，Warby Parker 與非營利組織合作，配合買一送一的活動讓更人受益。Warby Parker 的價值觀即是平實、潮流與良善，它對公司使命的描述也真實地表達了這些價值。

回歸自身，我們該如何尋找能表達價值觀的方式呢？為了進一步釐清這個概念，讓我們思考兩個建築公司的假設性案例。這兩個公司都設計了數間學校的建物，而公司A將核心價值定義為創新、永續和高質感生活；公司B也以創新為核心價值，但其他兩大價值觀分別是互助及靈活性。就這個兩個公司的核心價值，我們可以想像他們在推特上會這麼寫：

> 公司A：看看這些軟木、竹子和花盆，如何讓孩子們在ABC學校感到舒適和快樂！bit.ly／ABC #永續#建築學#生態環境

> 公司B：了解我們獨特的設計如何幫助K-12教師滿足EDF學校孩子們不斷求變的需求！bit.ly／EDF #建築學#社群夥伴

一如上述案例中，兩間公司的核心價值會衍生出具各自特色的內容及特定措辭，而我們也可以試著用下列的方法，來試著讓自己的表達、溝通或宣傳內容更合乎所屬企業的核心價值，進而成功幫助我們做好溝通決策。

殭屍診療室：準確的傳遞價值觀

分別詢問不同上司，詢問他們會希望外界用哪三個形容詞來形容組織。並鼓勵他們思考使組織更獨特的特質。並確認是否得到相同的答案，以下是一些參考形容詞：

- 友善。
- 高品質。
- 低成本。
- 經驗值。
- 快速。
- 可靠。
- 關懷。
- 美感。
- 樂趣。
- 服務導向。

記住只能有三個形容詞，這樣才能聚焦核心價值。理想情況，領導人將會提出類似的形容詞，如果沒有，也可試著提出他們可能贊同的形容詞，整理出潛在的差異，並根據出現較多次數的形容詞，來訂立出核心價值觀。

確立好核心價值觀後，請以這三個描述性詞語作為每一次訊息傳達的指標。並檢視這些傳達的訊息，在內容上是否反映了組織所選擇的形容詞？好比如果組織希望的形容是「關懷」，那員工們的合照、與客戶友好的互動照片是十分適合出現在公司網站上的。要記住！掌握價值觀，是傳遞訊息一致性的關鍵！

像個好鄰居

如果感覺自己所處的企業似乎已經走向陰屍路，我們就必須對自己多做打算、未雨綢繆。這時要注意到的，便是處理業務的溝通或反應，而要讓溝通避免殭屍口吻，我們都需要不斷的質問自己：溝通是否機械化還是殭屍化？對客訴的回應是否與電視廣告中顯現的企業個性相似？對公眾批評的回應是否得到應有的善意與尊重？若有機會證明自己仍是「人類」而非殭屍，會願意去做嗎？

若以保險業為例，像「永遠在您身邊」和「像個好鄰居」之類的標語基本上傳達的是同樣的想法，由此可見這些保險公司的核心價值觀其實非常類似，缺乏獨特性。但也不少保險業的朋友，憑著出色的創意訊息傳遞與受眾溝通，並落實他們的能力與關懷力，仍舊在殭屍企業中維持「人性」，他們所憑藉的便是「真誠的溝通」。

一個好鄰居會認真對待彼此的關係，也會真正付出關心。如同《自己的房間》共同作者艾咪．簡．蘇（Amy Jen Su）和慕麗兒．麥格納．韋金斯（Muriel Maignan Wilkins）寫道：「真正的信賴感是一種關係行為，而不是以自我為中心的行為。這意味著，我們不僅要讓自己感到舒服，而且還要舒服地與他人聯繫。」

而殭屍是不會感到舒服與否的，自然也無法與他人有所連結。真正良好的互動只有在組織具有身分定義，並能良好溝通核心價值時才會發生。如果還是不確定或忘卻自己的核心價值，我們可能都會變得很脆弱，且在溝通上也會容易產生重大錯誤。在 2012 年初，一個十分受人關注的組織，便提供這樣一個前車之鑑。

繫著粉紅絲帶的殭屍

蘇珊．柯曼基金會（Susan G. Komen Foundation）是世界最大的一個非營利關懷乳癌組織。在他們的推動下，粉紅色絲帶已成為對抗乳癌的象徵。柯曼基金會成功對抗乳癌三十多年，粉紅色絲帶也自 1991 年推廣迄今。而根據研究公司哈瑞斯互動（Harris Interactive）資料顯示，柯曼基金會是 2010 年美國最受信任的非營利組織之一，也是人類組織中的好榜樣。

但柯曼基金會後來卻成了殭屍。

2011 年底，柯曼基金會決定從家庭計劃中心（Planned Parenthood，為一生育控制計畫中心）中撤出資金。柯曼基金會表示，該項決策受到信仰天主教的董事會大力支持，然而這樣的決策，卻引發能源和商業委員會調查該組織的家庭計畫以及與墮胎有關的政策。即便柯曼基金會並沒有公開宣佈抽回資金的決定，只告訴附屬單位有此打算，但仍舊遭受攻擊。

當美聯社於2012年1月踢爆這件事時，也許多民眾迅速地作出激烈反應，許多人以各種媒體傳播方式，表達對墮胎與反墮胎立場。短短時間，這個原本很受歡迎的組織突然陷入墮胎辯論中，更被指責不關心低收入婦女的乳房健康，組織的名聲一落千丈。

最後，柯曼基金會決定恢復對家庭計畫的資金援助，但臉書與推特等媒體平台卻被更多的負面評論淹沒。隨著組織籌資額的大幅下降，幾個關鍵領導人也掛冠求去。數年過後，柯曼仍處於經濟困境中，而柯曼的例子也迅速成為危機管理不當的經典案例。

究竟柯曼基金會何以至此？其實就是因為缺乏理解自身核心價值，而受到傷害。

也許董事會認為組織中的每個人都同意或至少接受了他們蔑視家庭計劃的決定。但是，在做出重要決策之前，柯曼總部似乎並不在意附屬單位的意見與想法。雖然董事會討論並一致作出撤資的決定，但柯曼領導階層及附屬單位卻不苟同此決定。這便是不一致的消息傳遞的血淋淋案例，更反映了公司內部核心價值觀的出入。

由此可看見，整個基金會的行為與價值觀似乎不一致，顯然違反了自己在網站和其他管道中所提出的「以價值為導向」的聲明：「蘇珊．柯曼的療癒承諾：通過人民所賦予的權力，挽救生命並終結乳癌，確保所有人的生命品質受到保障 並鼓勵科學界尋找治療方法。」而大眾認為，不支持家庭計劃便直接與此一承諾相衝突，更無法保障所有人的生命品質。

柯曼網站顯示，「家庭計畫」每年提供無力受檢的民眾近75萬個乳癌篩檢機會，過去五年內進行的超過400萬次乳癌篩檢中，有近17萬受惠於柯曼的補助金。如此對比，停止資金援助的決定，就猶如自己狠狠打了自己耳光。

事件之後，柯曼基金會的領導高層似乎人間蒸發了，他們並未料到自己人不站在同一陣線支持削減「家庭計畫」資金的決定。由於沒有及早掌握到附屬單位及輿論對此一問題的反應，進而做出類似殭屍會做的錯誤判斷，也因此付出昂貴代價。即便在最後恢復了資金的援助，卻讓原本支持削減資金的人士也公開發表反對該組織所作出的決定，並認為反覆無常的決定破壞了組織信譽、誠信，也缺乏一致性。

如果柯曼基金會當時採取行動：提供家庭計劃中的低收婦女替代方案，或許便可以弭平這一場風波，也可以堅持董事會的原則。然而顯然組織已經殭屍化了，當決定蔑視家庭計劃的那刻，董事會可能絲毫沒有考慮到組織承諾和核心價值，自然忘記初心何在。

核心價值並非那麼容易就被組織一致認可，這也就是為什麼如今有許多組織陷入無意識溝通的原因，他們若不是說或做些違背本意的事，就是根本不知道該說或做什麼。可怕的是，我們每一個人都有可能重覆上演這樣的橋段。

我真的這麼說了嗎？那並非我的本意。

我只是不知道該怎麼辦，所以我啥事也不做。

這些問句可能都曾出現在你我身邊，所導向的就是缺乏自我意識的問題，無論是出於健忘還是魯莽，都會導致許多狀況，而這也是殭屍面臨的主要問題之一。不過透過有效的釐清、探索和一些訣竅，這些問題是可以有效預防的。

爛在核心

近期一則來自那斯達克的新聞調查顯示，僅約50％的公關專業人士備有「危機溝通計劃」，或者有「有效管理危機」的準備，而變成殭屍當然是一場大危機。

殭屍就像機器人，他們給人一種沒效率、難以理解與令人焦慮的感覺，且在行動及溝通上相對隨意，甚至不老實。

無可救藥的殭屍可以假冒人類一段時間，但最終難免露出狐狸尾巴，而這點對企業來說是致命的。福斯汽車一向在行銷時，強調其品牌汽車的低排放特性，然而2014年已有研究者對此表示質疑，更著手調查研究。但此後一年多，福斯汽車公司的高層不斷否認且詆毀研究結果，甚至阻止加州監管機構的調查。2015年8月福斯汽車才終於承認了自己造假排放標準，首席執行長馬丁·溫特科恩（Martin Winterkorn）也坦言福斯「自毀客戶及大眾的信任」。此後，從此，福斯汽車公司不斷虧損，在美國的銷售額也持續下滑。截至2016年7月，該公司已經支付車主和環保局近180億美元，並仍列入美、德、韓等國的調查名單。現在，公司的新領導和內部小組正在進行此不正當行為的內部調查。殭屍並不是誠實的生物，福斯汽車的案例，便是顯見的例子。然而，一如《大眾機械》（Popular Mechanics）的報導所言：「沒有快速的解決辦法可以彌補福斯汽車公司所說的謊言。」

行文至此，我們回到最開始探討的「身分定位」。如果缺乏明確的、一致的、穩定的自我定位，那麼從裡到外都會變得跟殭屍一般；相反的，若我們具有身分定位，自然可以吸引到對的群眾目光。透過本章，讓我們思考自身的狀況，並擴及到工作職場，一步一步歸納整理好自己的身分，也重新釐清企業的定位與核心。若已完成這些，那便恭喜自己，已經克服了一半的問題。不過在溝通組織身分，或者溝通自我身分的過程中，勢必會有一些阻力，為了幫助克服這些阻力，以下是本書提供的五種能有效溝通的人性特質，當與自身的固定價值觀和身分相結合時，這些特質將確保自己保持真實感，遠離殭屍一族。

殭屍診療室：如何堅守自己的核心價值？

「不敢相信我真的這麼做了。這不像我，好吧，罷了，這就是世界。」這句話或許也曾幽幽從你我心中溜過，也可能是一個工作夥伴的嘆息——也許是發佈了一則性別歧視廣告或做了一個荒謬聲明。但你我可能都想知道，到底做那件事的時候在想什麼？

別太自責，畢竟組織是由人所構成，所以會犯錯。在日復一日的日常溝通和運作中，核心價值其實也很難百分之百的遵守，我們不能期望組織永遠完美，但可以試著不斷修正。以下是一流組織面對錯誤的處理：

- 錯誤是罕見的、不尋常的，而且並非典型行為。
- 當錯誤發生時，組織會透過明確的溝通承擔責任，而不是怪罪任何人。

比方說，我們擁有一個餐飲事業，而其中一個核心價值就是信任。對我們的客戶來說，值得信賴是非常重要的，而他們的預約率對我們來說也是非常重要的。若有次在一個大型派對上餐廳做錯了蛋糕，若是十分負責任的承擔錯誤，是可以建立信任感並能挽救關係的，相反的遮掩和試圖找人指責，會重挫客戶對我們的信任。誠實地與客戶和任何其他人進行溝通以釐清目前狀況，然後訂立方法來處理這種情況，且避免再犯同樣的錯誤。如此透過溝通找到應對行動，然後繼續前進，才是符合最初核心價值的處理方針。

殭屍診療室——檢查「人性」

您的核心／靈魂在哪裡？

- 知道自己組織的核心價值嗎？
- 這些核心價值是容易引用和記憶的嗎？
- 已準備好宣傳這些核心價值並以此做為溝通基礎了嗎？
- 對自己組織本身及其核心價值會感到驕傲？
- 組織現在正朝正確的方向前進與改變嗎？

Part 02

謹慎對待每個故事

Charging

聯邦數據顯示，美國光是在 2009 年就花費42億美元於心靈相關的健康活動，比如冥想、沉思等等課程，透過這些讓自己的精神狀態更開朗更富有正念。在 2014 年12月，Google 數據顯示，「正念」這個關鍵詞就佔當月搜尋量的 10%；而在亞馬遜上有關「正念」的產品更超過7萬種。連瑪莉莎就讀幼兒園的孩子也在上冥想班，茱莉更身體力行，在大學教授瑜伽和其他沉思課程。

毫無疑問，正念已然成為現代的趨勢潮流。

同樣的，美國企業界也不斷的尋找減除負面、增加正念的方法。這不禁令人好奇：像 Google 這樣的頂尖企業在這方面是怎麼做的呢？根據《紐約時報》作家凱特琳·凱莉（Caitlin Kelly）的說法，Google 的員工被外界描繪為：「在脆弱時能快速調整心情……當然，他們福利是誘人的……Google 是步調快速的產業，員工必須長時間工作，然而 Google 的員工總是可以發揮想像不到的效率。」

究竟 Google 的祕訣是什麼？可能就是他們曾上過「追尋自我」的課程吧。Google 每年免費提供四次由伽門．譚（Chade-Meng Tan）所率領的課程「Google 禪宗」。此一課程有助員工培養「專注力」、認識自我及掌控自我，並且打造有用的心理習慣，故又名「系統 WD-40」，用於驅動雄心勃勃的 Google 員工，更是 Google 嚴格的企業文化與員工之間的潤滑劑。Google 相信，一旦員工懂得排解壓力和情緒管理，會讓工作更有效率。

同樣推行正念課程的，一如這些知名企業，包含蘋果（Apple）、麥肯錫（McKinsey & Company）、德意志銀行（Deutsche Bank）、寶僑（Procter & Gamble）、阿斯利康製藥（AstraZeneca）、通用磨坊（General Mills）和美國安泰保險公司（Aetna）。注重員工的自我追尋，從而提升自我管理能力，這是正念課程的價值，更是作為「人」的標誌所在，畢竟企業意識到，他們要的員工是人類，而不是殭屍。

近期《時代雜誌》的一篇封面報導寫道：「人可以心存正念地工作，以正面的方式學習，甚至可以練習到連飲食都可以有著正能量。」若是真的能無所不「正」，溝通肯定也能！

牢記上一章柯曼基金會的前車之鑑，魯莽輕率無助於企業目標的實現，沒有立場的溝通更無法達成任何目的，而這一切的解決之道就是——正念。

何謂正念？

身為醫學榮譽教授、減壓診所創辦人，強・卡巴特－辛恩（Jon Kabat-Zinn）表示，「正念是指透過特定方式，在每個當下尋求專注。」也有專家提到正念始於「開放和接受、充分體驗感受、思想和情感，避免關注於過去或未來。」大略秉持正念，便是以下三個原則：

- 讓注意力集中於每個當下而非過去或未來
- 不妄加判斷並接受身體反饋

✿ 針對各類情境量身打造對應的反饋

在日常生活中，如殭屍般毫無正念的溝通方式隨時隨地都可能發生。比如在醫院看診時，醫生冷靜又冷淡的解說症狀，卻一點也沒適時關心自己的感受？或是不耐煩的櫃台人員高聲說：把缺的資料補齊再來。這一連串流程是否會讓自己感覺渺小、被忽略或是茫然無奈？

或者幸運的，曾有過相反的經驗？醫生仔細傾聽病情、關懷感受也關心身體？不用說也知道，心裡必然洋溢著溫暖。

然而，有些產業環境並不全然支持正念溝通，官僚體系尤其充滿鬥爭。但心靈或內心陷入混亂思緒，充斥許多過去或未來的想法和問題：之前的保險賠償、下一個病人會是怎樣、今天又虛度了一天……種種雜音充斥腦袋，這樣勢必無法讓正念獲得實現。

喚醒自己

實踐正念的常見方法之一是透過冥想。冥想是一種精神層次的體驗，也是一種管理壓力或使身體平靜的方式。常見的冥想形式是簡單地專注於當下。想像自己受到召喚，意識到身體的觸覺，意識到眼前的環境，意識到耳邊的聲音，彷彿和一切的當下有所連結，所有的當下都在喚醒自己。

檢視自己是否專注當下，便是掌握五種感知：色聽觸味嗅。試著問自己：

- 我現在看到什麼？
- 我現在聽到什麼？
- 我的身體接觸到了什麼？
- 我的口中有什麼味道？
- 我聞到了什麼？

一項研究發現，在八分鐘的五感練習之後，學習者能夠更專注，思想更少流動渙散。這種練習會有助自己活得更像一個人，而非殭屍！

而回到工作場合，我們一樣可以打開我們的感知，來專注每一刻，若碰到任何工作上的情況，也可以試著以下方的步驟，引導自己往正念走去。為了回答更具體，讓我們舉個具體情況：假設公司將要檢視自己的年度績效，

✿ 當下感覺如何？

感知當下的感受和心情？釐清自己此種感覺是從何而來？如何可以正念以對？

✿ 屏除雜念

任何會干擾首要任務（年度審查）的事情都必須被排除，現在不是寫東西或看FACEBOOK的時候。理想情況下，最好處於獨處的空間，辦公室或會議室門緊閉，沒有人能打擾。

✿ 直接的眼神接觸

在西方，眼神接觸代表尊重和充分關注。盯著地板、雙手、記事本或窗外，會顯得有所閃避。我們可以透過眼神接觸和合宜開放的肢體語言，表現出自己已經準備好，落落大方。

✿ 聆聽不打斷

即使不喜歡主管所說的話，也要保持靜默，盡可能地了解主管的說話內容。只有當需要澄清聲明時，才提出問題（在自然暫停期間，不是直接打斷）。

✿ 暫停才能繼續

在主管談完話後，切莫立刻回應，而是暫停對話，給自己一些時間思考。適當的沉默有助於溝通，也是必要的一部份。這段沉思時間可以回顧主管所說的話，並整理自己想表達的，再方面可以提問：「您的意思是……這個樣子嗎？我的想法是……」

✿ 回看自己的身份定位

若感覺到情緒逐漸高漲，甚至感到胸部緊張或胃緊張，請深吸一口氣，並思考一下自己工作中的身分定位，問自己想在工作互動中呈現何種樣貌？又該如何在職場上被人看見？這顯示了自身在工作上的自我意識和自我控制，它可以很直接地連結到自身的核心價值。

猶如第一章所提到的「身分定位」？當我們有意識地開始專注當下的環境與當下的自己，會更能注意到自己的樣子、所說的話以及種種在生活中的表現。如果在個人生活中過得不像殭屍，那在職場生涯中將變得更好。一旦喚醒了自己，開啟了與周圍的感知，專注的提升將會引導自己追隨定位、秉持正念。

心聲反映人生

比超人更超人的演員克里斯多佛・李維（Christopher Reeve），1995 年不慎從馬背上摔下來之後便四肢癱瘓。過去每一個「簡單的小事」，如今對李維來說都是艱鉅的任務。但這場事故卻改變了他的人生，他雖然四肢宛若被禁錮，卻開始喜歡上完成任何小小任務的成就感。他不讓自己被打敗，反而將此變故視為一個機會，用餘生倡導身障議題，並成立克里斯多佛與丹娜李維基金會（Christopher & Dana Reeve Foundation）。

不過不須歷經嚴重事故，我們也可以成為具有正念的人。如果大馬路旁有個嬰兒車，上面有個吵鬧不休的嬰兒，可是嬰兒車旁並沒有其他像是他親人父母之類的人，這個時候會打算怎麼做呢？如果你我不是殭屍，我們必然會選擇留下，而非怕麻煩逕自離去，畢竟這是作為一個人的人性。

因此，我們所做出的任何行為其實都充份反映自己的核心價值，我們面對人生，其實就是如同我們面對自己的心聲。

不食人間煙火

世界上有太多的負面，像是恐懼、猶豫、混亂或自私，可能導致人類忘卻自己的核心價值，失去焦點，最後變成殭屍。2012 年對紐約馬拉松組織——紐約道路運動員（**NYRR**）來說是運氣不佳的一年。當年全球最大的馬拉松比賽計劃預計於11月5日（周日）舉行，但就在前一周，桑迪（Sandy）颶風襲擊了紐約地區，大風暴導致重大破壞：民眾死亡、家園被摧毀、道路被封閉，連醫院也撤離疏散，超過60萬人無電可用。

但颶風桑迪來襲後，**NYRR** 並沒有立即取消馬拉松活動。該組織在比賽前的星期二發表聲明，儘管政府官員、路跑單位及紐約市民都對活動如期舉辦不表贊同，**NYRR** 仍表示活動將如期舉辦。直至周五早上，紐約市長麥克・布隆伯格（Michael Bloomberg）也表示，馬拉松比賽將按計劃繼續進行。但就在周五下午，比賽臨時喊卡，可是世界各地的參賽者都已經抵達鎮上了。

NYRR 顯然狀況外，組織的沉默就是證明。在宣佈馬拉松賽事如期舉辦的三天之內，**NYRR** 也沒有發表任何正式聲明，但許多人早已對賽事如期舉辦發表看法，並對 **NYRR** 的價值觀相當質疑。

NYRR 花了這麼長的時間才決定取消比賽，原因始終不明，NYRR 僅解釋道：他們原本以為這場比賽可以讓紐約市民感到振奮，所以堅持如期舉辦。暴風雨並非最大的災難，而是 NYRR 有欠思考的溝通方式才造成如此巨大的風波。

班·馬登（Ben Madden）在《紐約時報》發表了一篇評論文章，他說：「考慮到一場馬拉松比賽所要花費的金錢與志工們的時間，當比賽剛好碰到數以千計居民無家可歸、大停電而且可能挨餓受凍，然而主辦單位的處理讓我感到很遺憾。」

其實，憑藉 NYRR 的立場與身份，他們可以試著號召活動志願者、比賽報名者、NYRR 員工等各界人力與資源，一起共同協助城市救災，畢竟 NYRR 擁有數十年穩健良好的服務聲譽可以號召慈善行動，而且該組織的參賽者每年都會籌措資金贊助一些有意義的事。然而這次在桑迪颶風釀災後，NYRR 竟然保持沉默，沒有任何支持行動。

事件發生一年後，NYRR 終於承認那是個錯誤。NYRR 總裁兼首席執行長瑪莉·溫特柏（Mary Wittenberg）表示：「我們致力於幫助和鼓舞人心。在那次事件沒有做出正確回應，我們十分難受且抱歉。」但仍有許多疑問NYRR沒有回答，比如充份參與、關心並仔細聆聽。

許多跑者在NYRR宣佈「馬拉松賽事如期舉行」時，便於NYRR的臉書粉絲頁留言，討論比賽是否應該繼續，有些人更高分貝呼籲取消比賽。甚至在預定比賽的前48小時，即周五早晨，臉書粉絲頁上貼了一篇名為「取消NYC馬拉松比賽」的文章，結果高達2萬7千名讀者按讚表示支持。

想像一下，如果當時NYRR很快地架構一個專門討論此一問題的討論網頁，就算有問題無法回答，也可以解釋為什麼不能回答，或何時能得到回應。這麼做也許可以阻止許多負面評論出現。

但不只是缺乏聆聽，NYRR也十分欠缺關注和誠意。當周五傍晚，各路的跑者才終於從新聞媒體上獲悉馬拉松比賽取消的消息。直到18個小時後，NYRR才發了正式電子郵件通知跑者。NYRR原始股東們對這事件的缺乏關注，令各界震驚。正如一位部落客所言：「跑者應該第一個聽到這個消息，畢竟他們如同客戶。」

如果在媒體發佈消息之前，NYRR就發佈充滿同理心的電子郵件給所有馬拉松參賽者，結果會是如何？假設該電子郵件還可以連結到詳細回答問題的頁面，以解決跑者的諸多疑問（顯然，他們已經發佈內容到社群媒體和各大論壇達三天之久），那情況是否更好些呢？

然而NYRR沒有承擔責任。承擔責任、不抱怨也是左為人性化組織應有的態度。儘管我們先前曾批評航空業，但多數飛行團隊會為飛航過程中的顛簸而道歉，即便他們無法控制天氣狀況。但NYRR並沒有這麼做，他們並沒有為該週內所發生的各種情況做出應有的承擔，也沒有表示歉意，他們更沒有檢討自己遲發取消活動電子郵件給跑者這件事，卻把矛頭指向了披露消息的媒體。

更令人吃驚的是，NYRR 在電子郵件中沒有提及如何報銷費用，也沒有提及是否將這筆費用挪至其他賽事之類的。相反地，他們還要求跑者捐款給 NYRR 新成立的基金會。收到郵件的跑者，想必很想怒喊：「什麼？你有我的報名費？我不知道你要如何使用我的錢，而你還要我掏更多錢給你？」

但 NYRR 在發了電子郵件後選擇再次沉默，這時終於有忍不住的參賽跑者在 Change.org 網站上發佈請願書，透過社群媒體要求 NYRR 退還報名費。七周之後，NYRR 才終於宣佈，報名賽事的跑者可以全額退費，或者可以選擇未來三年內參加其他比賽。

但民眾對退款政策的反應是複雜的，NYRR 被廣大民眾認為是自私和無恥的，公眾形象早已嚴重受損，無疑是殭屍一枚。

NYRR 如何做會比較好呢？倘若當時馬拉松比賽早些取消呢？又或者如果該組織執

行長溫特伯格在該周內為所有事件公開道歉？或又是NYRR解釋他們正在研擬可能的退款選項，並承諾在兩周或一個月內做出聲明？只要他們當時採取前述任何一個動作都有助於讓他們看來更人性化。

NYRR事件讓我們學到寶貴的一課，避免犯同樣的破壞性錯誤，但也要謹記，不僅面臨重大危機時要謹慎，也要關心客戶可能在意的各類小細節。

落實檢查

當醫生仔細詢問確診前所需要了解的各類問題時，代表他們正專注於細節，因此，他們也提高了注意力。同樣地，當星巴克迅速回應每位客戶在社群媒體上的投訴內容時，也代表他們正密切關注此事。一般而言，正常組織會關心有關自己身份圈的所有細節：他們的形象、談話內容及所作所為；但殭屍組織則無法真正融入現實，也不關心他人如何看待自己。

以全球知名休閒服飾業者 Gap 為例，他們在 2010 年 10 月發佈新的企業商標時並沒有真正關注到形象問題，選擇在海軍藍色塊上秀出細長的白色字母，他們認為這樣妝點能吸引更多年輕族群。然而，消費者並未對這個新視覺——小藍框上的黑色 Helvetica 字體，留下深刻印象。後來 Gap 的新商標很快成為線上熱門話題，忠實的鐵粉吐槽這個無新意的設計，行銷專家則一面倒地批評 Gap 的慘敗。

HubSpot 共同行銷經理阿曼達・希伯雷（Amanda Sibley）說：「Gap 並不了解他們的主要消費族群是誰，他們通常是那些想要基本元素，對時髦不感興趣的人。他們的鐵粉更認為，Gap 正在改變形象，但卻變得更糟，與品牌精神漸行漸遠。」

迅速意識到自己犯了代價高昂的品牌錯誤，一個星期內，Gap 就重塑使用二十多年的商標，並公開向消費者致歉。CNN 為這個逆轉情勢寫了一篇以「網路輿論賜死 Gap 新商標」為題的封面故事；《浮華世界》則發表了一篇文章：「被唾棄的企業象徵——一周內就夭折的 Gap 新商標」。

廣受歡迎的貿易刊物《公關新聞》編輯塞斯・阿芮斯坦（Seth Arenstein）告訴我們，透過線上媒體所發佈的公眾輿論如何為決策不利的企業帶來重大挑戰。「今日的小小事件可能以驚人的速度在網絡上瘋傳，就算是半私人事件也可能因為網民的傳播而讓當事人聲名狼藉。」阿芮斯坦說。

因此 Gap 雖然意識到了自己的殭屍行為，同時試圖補救這個錯誤。但這次的商標事件卻持續在社群媒體上發酵，比方說，在 Gap 商標事件落幕後的六年之中，設計師亞歷克斯・勞倫斯-理查（Alex Lawrence-Richards）仍然在推特上發表其他企業商標重設計的有趣案例，就以 @GapLogo 做為關鍵字。

事實上，Gap 當初可以在新商標推出之前進行徹底的客戶調查，以確定客戶是否認為商標需要改造，或者他們對新商標評語如何。審慎的選擇可以節省時間和金錢，Gap 本可以避免讓客戶受驚，更可以躲掉主流媒體對其殭屍行為的批評，但顯然 Gap 的決策與目標群眾背道而馳。

體認自身

心理學家麗莎．菲爾史東（Lisa Firestone）於 2013 年在《赫芬頓郵報》發表的一篇文章中寫道：「作為管理者，我們可以在決策、政策和慣例中學習謹慎行事。開始這麼做最好的方法就是思考價值內涵，並選擇與它們朝夕相伴。」標題九（T9）在此就是一個很好的例子。

T9 是一家線上女性運動服飾與用品店，透過實體店面與網站型錄販售商品。1980 年代初期，前耶魯大學運動員，年僅 26 歲的蜜絲．帕克（Missy Park）就在自家車庫開始運作公司。長期以來，她都是從男裝型錄上訂購不合身的制服鞋子，這些商品從沒讓她感到舒服。

T9 聲稱自己的商品堪稱「女性運動與健身活動的福音」，自 1989 年以來便專注於銷售女子運動和健身服裝。這家公司的身份定位源自於 1972 年「教育法修正案」第九章，內文明令禁止高中和大學的性別歧視。在 2008 年的一次採訪中，帕克說：「我們所有的買家都是產品使用者，手機裡的所有聯絡人是產品使用者，對我們來說，重要的是我們可以告知消費者所有銷售物品的真實性，對我們來說，品牌是個人化的。」身為領導者，帕克重申核心價值——身份的重要性，而核心價值是驅策品牌與社群的溝通的原則。當把握住了原則，就可以更去把握溝通的第二個宗旨——毫無偏見的觀察並接受反饋。

殭屍診療室：越過上午十點整

我們時常在準備上班時下定決心，要以謹慎為目標開始新的一天，但往往到了上午十點左右就完全將它拋諸腦後了。但以下四種方法，可以有效協助我們一整天都能謹慎溝通。

1 **確定當天的明確目標**。假設想確保所有的溝通都包含「關懷」這個價值觀。在一天的開始，先暫停一段時間，大聲對自己說出這個意圖，在白板、便利貼上寫下這個價值觀，讓它出現在各種容易被看見的地方。目標是在做出所有決定時記住它，包含電子郵件回覆、網站視覺及其他所有內容。

2 **發送任何訊息前先暫停一下**。確認所寫的內容是真正有必要的，措辭也符合組織的價值觀。同時思考對方也會收到我們想給他的感受？針對不同的對象，是否回覆不同的訊息內容？電子郵件是最好的選項？還是打電話更好？

3 **設定鬧鈴**。當聽到鬧鐘響時，請花一點時間思考自己是否謹慎溝通。工作內容是否與核心價值一致？當前的自己是否全心投入？不需做無謂的判斷，只要觀察自己正在做什麼即可，如果發現自己迷路了，請記得回到原點。

4 **請其他人加入**。請求同事或朋協助確認，或者在做出決定前徵詢他們的意見，即便這些意見可能得讓自己回頭做更多的工作。要記住，在溝通尚未開始前就修復錯誤遠比事後所要付出的代價低。

「民族誌」研究

2009 年，《哈佛商業評論》中的一篇文章稱「民族誌研究」是一種「發現趨勢並指導公司未來戰略」的方式。那什麼是「民族誌研究」呢？其實這是一種文化研究的方式，當一種現象或事件出現，研究者親臨現場，蒐集、訪談、觀察、聆聽，並盡可能不帶偏見或任何假設性，對所觀察到的第一手內容進行分析。

舉個例子，提供電子郵件行銷服務的 MailChimp，其開發人員會定期訪問客戶，以了解他們如何使用 MailChimp 軟體，開發人員會相當留意客戶提出的想法和建議，這些資訊有助於 MailChimp 開發新產品，精進行銷策略；Uber 也喜歡觀察共乘客戶。研究人員與客戶一起共同乘坐車輛，並一起體驗 Uber 自身的導航功能，討論需求、發現問題。Uber 研究人員解釋現場研究有助發覺鮮為人知的疑難雜症，並能深入了解客戶需求，回報 Uber 設計中心。

近來，越來越多公司開始落實現場研究以了解客戶，這種方法已成為產業趨勢，體察民情，了解客戶，成為一個稱職的「民族誌學家」！一旦我們能夠客觀判斷，會發現自己更了解消費者、競爭對手，也更了解自己。

盤點自己

當檢視各類事件時，身為人類的我們可能都會有意識想要把事情做好，但殭屍就不是如此。為了讓自己更謹慎，我們可以試著量化溝通目標，每天花點時間檢視，並且每年至少做兩次年度大盤點。以下是一些自我盤點的檢視技巧：

1 **客觀省思**。對一段時間內林林總總的事件或任務，以客觀的角度回想並回饋自己，釐清什麼是有用而且具有建設性的「經驗」？這可能需要耗費一天的時間與溝通顧問、教練或整個團隊成員討論。有時可能需要離開辦公室。事件繁多可能很難一次說明，這時可以善用後文介紹的 SWOT 分析做有效的整理。

2 **參考外部觀點。**透過觀察、調查及訪談等方法，從客戶或潛在客戶端蒐集有用的第一手資訊，切記不要只靠自己的想法，或草草在社群媒體評論上抓一些看與證據的資訊。

3 **自問初心。**想想自己擅長什麼，哪裡有改進空間？可以藉此審視自己是否符合某些標準。這些標準有可能是在組織溝通計劃中，被認為是成功的、妥善的方法，如果發現自己好像沒有標準可依循，可能要小心自己已經有殭屍化的可能。

4 **不要擔心犯錯。**即便有了溝通計劃，可能還是有不少需要改進的部分，別著急，即便是溝通專家，也都需要不斷學習，我們要做的只是檢查自己的狀況是否健全，並讓這些改進的部分帶我們去到更好的地方。

按照步驟，我們可以一一盤點自己的狀況，但若沒有頭緒，便可借用SWOT分析來快速檢視自己、衡量此彼。SWOT分析可以識別目標人物或事件的四個方向，以四個象限作為分類：「優勢」、「劣勢」、「機會」與「威脅」。可能許多人都知道，但在這裡，是我們邁向徹底溝通計劃的其中一步。

我們先列好上方的「優勢」和「劣勢」兩個象限，列出自己（或組織）內部有關溝通能力的優勢和劣勢，比如自己擅長的是什麼？還需要加強的是什麼？舉個例子，如果是大型零售商，如Walmart，它的「優勢」之一就是廣告。他們可以將錢投注在創新廣告或辨識度高的戶外廣告；但或許它的「劣勢」可能和客戶服務的戰略溝通有關，比如強打的廣告活動無法讓小眾客群產生共鳴。

接著，我們再列出下方的兩個象限「機會」與「威脅」：這兩者皆涉及了外部環境。比如社群媒體可能是可運用的「機會」，可能成為有效的溝通工具；但容易發生安全漏洞或勞資糾紛，這可能是一個需要考慮的「威脅」。那麼若確定選擇這個機會，我們是否有策略來面對這些威脅？

在紙上畫出一個十字，並在四個象限上標示S、W、O和T，逐一回答各項狀況。如果是團隊合作的事件，我們可以試著讓同事單獨回答這些問題，然後彙整資料，並與其他人共同討論出團隊的四象限狀況。

一旦完成了SWOT，便完成了溝通計畫的第一步，這時，我們就可以考慮下麵的問題，包含：自己的身份定位為何？這個身份定位是否彰顯自身的優勢？是否能利用核心價值來處理各種劣勢或威脅？

評估競爭對手

對手的動靜可以提供我們參考，可以有效規劃出有利自身的策略；有時是一種激勵，讓我們隨時保持警戒；又有時可以幫助我們避開錯誤的決斷，作為借鏡。最重要的是，藉著衡量彼此之間的差異，更能看清自身的位置！

SWOT 溝通分析

優勢 Strengths	劣勢 Weaknesses
做得好的是什麼？ 哪些溝通管道是有效的？ 客戶迴響有哪些？ 人們喜歡的點是什麼？	不盡人意之處為何？ 哪些溝通管道對我們來說是無效的？ 我們忽略了什麼？ 人們不喜歡的點是什麼？
機會 Opportunities	**威脅 Threats**
有什麼新的溝通方式？ 媒體生態的改變帶來什麼益處？ 客群變化會帶來什麼益處？ 產業變化會帶來什麼益處？	是否有新的競爭者出現嗎？ 媒體生態的改變帶來什麼壞處？ 客群變化會帶來什麼壞處？ 產業變化會帶來什麼壞處？

我們可以依循以下六個面向來檢視競爭對手：

1 **身份定位**。競爭對手具備哪些核心價值？自己的身份定位與他們有什麼不同？我可以藉由比喻來看出彼此的差異，好比每個競爭對手代表一輛車，它們是哪種車款呢？BMW？賓士？還是福特？而自己又是什麼車款？這些有趣的比喻可以藉此快速比較差異。

2 **訊息**。謹慎的組織在溝通過程中懂得重申關鍵訊息。競爭對手使用什麼樣的關鍵訊息？這些訊息的接收目標是誰？自己和他們的關鍵訊息的表達有何不同？

3 **視覺效果**。競爭對手使用何種視覺訊息進行溝通？查看對手的識別色系、商標及任何他們所使用的符號。自己的視覺元素與他們相比是否存在明顯的差異性？是否存在容易被混淆的部分？

4 **網路發聲**。仔細檢視競爭對手的網站或 App 應用程式，他們如何讓使用者覺得方便？網站內容屬於互動式還是更像一本線上手冊？透過網頁導覽，該網站顯示哪些內容和訊息？這些內容，在設計或功能上有哪些優勢和劣勢？這些優劣勢與自己的網站相比如何？

5 **社群媒體**。競爭對手使用什麼社群媒體？他們在線上與客戶互動嗎？貼文內容屬於哪種類型？在使用社群媒體的用心度上與自己的相比又如何？

6 **其他溝通管道**。競爭對手還使用哪些溝通管道以贏得市佔率？檢視他們所使用的宣傳手冊、廣告、傳單、海報或明信片，自己是否也使用相同的輔宣品嗎？選用或不選用的原因又是如何？對手是否有忽略某個我們正使用的溝通管道，而此一溝通管道是否能有效地吸引目標群眾呢？

檢視了以上六個部分，我們需要注意到自己和競爭對手之間的相同或不同。若沒有太大的不同，請抓住機會讓自己脫穎而出。我們將在後面的章節中討論如何開發具有原創性的溝通方法，用以傳達自己的身份定位，並發展令人難忘的視覺形象。

關愛人群

溝通的目的在於滿足人群的需求。

——G&S商業通訊管理總監
安．卡登（Ann Camden）

當知己也知彼後，我們就該把大部分的精力花在（目標）人群身上。首先我們必須關愛人群並理解他們的需求，站在他們的立場來思考能夠做出正面的溝通決策，且吸引並滿足目標族群。因此時時回看自己想表達的是否和他們想要聽到的內容有所交集。

再次舉T9的例子，T9在廣告中刻意保有一個特色——廣告裡的「體育運動員」都是全職媽媽或必須工作的母親。這些人將體育和健身融入忙碌的生活中，反映並吸引了目標人群。

不過要成功接觸到目標人群，需要做足功課才能靠近他們。這些人一開始可能也像個無腦殭屍，而且時不時需要幫忙。但如果真的關心他們，我們必須永遠努力設法迎合他們。如果人群行為不如我們的期望，我們也要簡單地選擇不批判他們，以免他們陷入憤懣情緒中。

以下是可以用來防止魯莽的判斷，有助增進溝通的健全並做出人性化決斷的能力：

1　**堅定自己、別控制他人**。我們時常耗費大量時間去預測消費者的心理，並試圖操縱消費者的行為。倘若我們身份定位完整堅定，而且也秉持謹慎溝通的原則，立場一但堅定，或許便能吸引到適合我們的想法（或產品）的人；可是往往我們還沒紮穩腳步，就驟下評斷，導致結果往往不如預期，內外兼失。要記住，自己才是自己可以掌握的，請先專注發展自己，堅定自己的定位，自然會吸引到對的人群。

2 **多些耐心**。人們面對各類競爭訊息和不同的想法，他們也有選擇的壓力，我們應該要多些耐心等待，因為他們正試圖做出最好的決定。

3 **保持好奇心**。世界上每個人都是獨一無二的，可以去思考不同的目標人群有何不同之處？什麼會讓他們有所連結？為什麼他們會選擇這樣做？戴爾電腦（Dell）是全球最大的電腦公司之一，戴爾電腦創辦人兼執行長麥克·戴爾（Michael Dell）便如此說道：「必須建立一種保持好奇心的文化，注意傾聽、時時提問。我們稱其為『不斷學習的大耳朵』。」他深深相信，好奇心是公司永保長青的基石。

選擇故事

最近是否注意到任何有價值的新聞？沒有？那麼也許有必要坐在伯克利音樂學院（Berklee College of Music）媒體關係主任的位子上體驗一下。艾倫·布希（Allen Bush）永遠保持一顆好奇心，因為好奇心可以幫他找到正確的故事。

布希在接受採訪時表示：「我為所有在這裡的故事感到自豪，但我們必須保有好奇心才能找到最好的故事。我想確保工作人員的心靈是鮮活的。」所以，他每年都會舉辦幾次開放參觀活動，邀請教師和有興趣的學生們坐在圓桌上，拋出一些故事題材，共同創作。

其中一個故事發生在2014年的冬季。那時波士頓發生了可怕的雪災，雪的厚度打破紀錄累積到了108英寸，一片蒼茫蕭瑟但卻給了一群不安於室的伯克利學生靈感，他們建造了一個配有錄音設備的冰屋，並邀請學生作曲家、音樂人和歌手在冰屋裡分享冬季主題曲，還拍攝了「冰屋時光」（The Igloo Sessions）影片上傳 YouTube。冰屋的創作者們隨後便參加了布希舉辦的開放參觀活動，分享他們對無情大雪的創意，布希彷彿看到了一顆寶石，於是轉知當地媒體分享這個故事。

媒體記者們隨即訪問了冰屋，並將這些故事發佈於網路及電視媒體。其中一首在冰屋中創造出來的流行歌曲——〈雪日〉（Snow Days）大受歡迎，〈雪日〉的影片不但在伯克利音樂學院官網上分享，當然也少不了其他社群媒體串聯。甚至新英格蘭有線電視新聞網（New England Cable News）還拍攝各地的波士頓居民，包含州長和市長，共同唱著〈雪日〉的畫面，引領十足話題。

地方新聞和社群媒體是播放伯克利創作故事的完美平台。但今時今日，還有更多管道可以與群眾互聯，如社群媒體、影音、平面廣告、網路研討會、網站、電子郵件、戶外廣告、活動、收音機、展覽攤位、部落格、播放平台等等。我們可以試著以開放多元的角度選擇故事內容，同時思考故事內容及目標群眾的特性，來選擇適合的溝通媒介。

現今最熱門的溝通載體——社群媒體，卻讓許多業主擔心不已。根據網絡商業社群曼塔的調查報告顯示，大約60％的小型企業主表示，他們認為投資社群媒體無法有任何看得見的實際回報，況且他們自己的目標人群不一定會使用。例如，如果一個與老年人相關的工作，那麼在推特上發表訊息可能對這個銀髮事業毫無助，因為本身這個平台上的銀髮族可能數量稀少。

同樣的，網際網路龍頭 Google 也使用一些離線管道接觸目標群眾。儘管線上流量相當大，但 Google 仍使用郵局提供物品寄送服務，好比他們曾透過直接郵件寄送價值 100 美元的免費優惠券以吸引客戶。Google 深知直郵的效果，不但可以引導群眾上線，也可以藉優惠券的登錄帳號密切追蹤客戶。

不過溝通的載體與方式日新月異，如果人們改變了既有的溝通方式，我們也要跟著改變策略，但策略需要反覆擬定，千萬不要在尚未探索出最佳戰略之前就先使用新的溝通管道，這不一定會加分，必須謹慎行事。

接受反饋

反饋是來自客戶或是各方面的回饋，是邁向成功的必要部分。透過各方面的反饋可以了解我們傳出的訊息是如何被接收的，以及是否需要調整。反饋有多種形式，比如銷售產時獲得更多的「讚」與「正評」；或者也可能發現自己正在回覆客訴。數位化時代，反饋幾乎是即時的，所以必須隨時準備好接收它。

我們傾向於將反饋簡化標記為正評或負評，之前提出的年度績效評估案例，當主管傳達訊息時，我們大腦要對訊息進行分類：好或壞。但有些反饋意見無法，便只要簡單地順其自然不要試圖評論好壞，而該放大好奇心，了解背後動機和故事，而非評論。

如果決定逐一查看反饋意見，我們必須對所有反饋內容持開放態度，並重視每個意見。對於負面反饋，無須驚慌的試圖「修補」，首要之務只是簡單觀察即可，不做判斷。以下有三種方式可以讓我們自己真正接受反饋意見：

1 **直接向客戶、合作夥伴和／或其他目標群眾要求反饋意見。**讓他們以匿名和有用的方式分享他們真正所想。觀察他們的行為之後，看看是否有任何蛛絲馬跡是無法從直接反饋中獲悉的。

2 **記錄與面對反饋。**請詳細記錄反饋，將他們彙整成有用的檔案以備將來參考之用；同時，我們也要向組織中的其他人如同事或上司，提供這些反饋紀錄。改變的第一步就是面對現實，這個心態有助與其他人一起分辨是非黑白。

3 **不要把批評放在心上！**這些反饋是用來幫助自己工具，但求好心切往往會讓我們很掛懷某些批評的反饋，但是隨著時間的推移，當獲得更多反饋就越能意識到它們非常有用，越最嚴厲的批評會有越強的助力。

我們不是殭屍，而是一個擁有身份定位的「人」，對於群眾要拿出最大限度的人性。我們以開放的態度接受反饋，以謹慎的溝通來回應反饋，群眾自然會被吸引，凡事水到渠成。然後，我們便可使用審慎的第三個原則——針對各類情況量身打造對應方法。

量身打造的藝術

殭屍是十分迂腐的一群，墨守常規、缺乏謹慎溝通。社會心理學家艾倫・蘭格（Ellen Langer）說：「謹慎是『參與的本質』，而且它能帶來能量，而非消耗能量。多數人所犯的錯誤是假設這些想法會帶來壓力和疲憊，然而，壓力是愚蠢的負面評價，因為它使我們擔心自己會發現問題而非解決問題。」謹慎的人們通常不太關心問題本身，他的焦點永遠在如何解決問題。

一旦具備謹慎的態度，那我們就可以應變各種情況，量身打造各種回應與溝通。

避免情緒反應

在情緒之下，我們有可能會做出不經思考的反應——防禦或不屑一顧的態度，比如處理客訴時，應該避免找藉口和卸責。

喬治亞州亞特蘭大某位餐廳負責人安德魯・卡本諾（Andrew Capron）曾回覆燒烤聯合會邦諾斯（Boners）的負面評論，並將矛頭對準 Yelp 評論員史蒂芬妮（Stephanie S.）在臉書直接反擊：「我不歡迎妳！在結完40元帳單後還沒給小費……如果有人後來看到這個女人，請轉告她快滾蛋！王X蛋 Yelp！」卡本諾其實可以找到史蒂芬妮，讓她知道邦諾斯可以做得更好，好過最終還是得公開道歉，卻也無法彌補他的情緒作為。

情緒性的反應是大忌，若真是大動肝火，這時或許可以試著「沉默」，也就是下一小節提到的「暫停」。「沉默」也是一種反應，既不先發制人也不算沒有表示，也能讓自己有更多的時間回復到「謹慎」的狀態。

倒數十秒

沉默，或者說是「暫停」，也可以是一個明智的選擇。暫停可以幫自己走出當下的情緒，更加客觀地觀察情境，避免做出可怕的反應。在出版傳播業，編輯的時常能提供作家非常重要的「暫停訊息」，編輯不僅會校正找出不妥處，而且可以確保作者不會迷失方向。而在事業上，若有一位編輯型的人才來協助，在面臨重要的溝通時往往可以把情況處理的更好。若沒有編輯在身邊提醒，可以試著嘗試以下技巧——「倒數十秒」。

在任何事件出現，需要我們的回應時，用十秒的時間快速想過下面五個問題：

1　我的溝通目的是什麼？

如果無法確定溝通目的，或感覺到自己有意在言外的其他動機，請勿發送訊息、貼文或發言。想要逞一時口頭之快，或讓某人嚐嚐苦頭，長遠來看，都對自己或他人無益。

2　處理好情緒了嗎？

回應前，可以問一下是否已經處理好自己的情緒，維持在正面謹慎的狀態？接著最好能直接與對方溝通，溝通時也必須先處理對方的情緒，以同理心表示自己能感同身受對方的心聲，並承擔全部責任，承認自己無力控制事態發展。若跳過這一步，人們是不會聽進任何話的，人不是機器，照顧好自己的情緒和對方的情緒，我們才能開始訴諸理性。

3　我該透過何種管道回應？

選擇溝通管道必須視情況而定，電子郵件和在網站上發佈道歉信，都可能是適當的；但若狀況越嚴重，溝通形式越該正式，比方記者會、登報致歉都是選擇，這時相對易達的社群媒體管道就是次要選項了。值得一提的是，在現今高度科技化、自動化、非人性化的世界中，如果選擇了打電話，甚至親自拜訪，這樣人性的接觸，往往能十分打動他們。

4 我的回應是否符合核心價值？

任何問題的回應必須忠實地反映價值觀，不論在語言、語氣和談話內容上都該如此。許多客戶（和員工）可能會將溝通內容與張貼在牆上或網站上的某些使命或價值觀相比較，並且認為：這真是一個笑話！

5 如何建立信任？

信任是遠離殭屍的關鍵部份。除了負責任何問題，還可以採取其他有用的行動，例如提供免費或折扣優惠，鼓勵客戶再給一次機會。2013 年底，Target 公司的數據洩露事件發生後，執行長迅速發表聲明，同時發佈影音道歉內容，解釋公司正在採取何種安全措施，所有目標商店在下週末都會提供10％的折扣，該公司還向所有美國客戶提供免費的信用監控和身份盜竊保護。執行長桂格．史坦哈菲爾（Gregg Steinhafel）在聲明中表示：「客戶的信任是 Target 的首要任務，我們承諾致力完成。」有些人可能認為 Target

公司的努力還不夠，但他們的回應確實有助許多人繼續與之保持互動。

切記！倒數十秒！暫停下來回答這五個問題，結果可能截然不同。本章稍後將提供更多有關「暫停」的助力，因為它有時可以代表明確的質疑，效果比真的有所反應更好，它也是人類與殭屍之間最好的區隔。

謹慎選擇時機

量身打造的溝通訊息只有在適當的時機才會發揮最佳效果，如果我們持開放態度而且也了解情況，應該可以評估何時是進行適當溝通的最佳時機。

比如當颶風桑迪癱瘓了部份美國東部海岸時，美國服裝公司 American Apparel 卻提供災區客戶（居住在康乃狄克州、特拉華州、紐澤西州和紐約州等地）一個名為「萬一你很無聊」20％折扣的促銷。不用說，這個舉措十分失敗而且冒犯，何況紐澤西海岸還是個徹底的災區！

富比世捐贈人艾歷克斯・霍尼塞特（Alex Honeysett）提醒企業注意：「作為一個品牌，應該在艱困時期支持您的社群，而不是自以為幽默的調侃人們的苦難。」這個時機問題意味著，我們該了解所在客戶群乃至世界各地現在發生了什麼事。

世界觀

我們不必架滿螢幕隨時監看CNN新聞，但如果若能知道世界正在發生什麼事，就能更有效地掌握時機。一旦具有世界觀，我們便可以根據每個人相互連結的不同狀態做出選擇，做好訊息溝通。

舉個反例，肯尼斯・科爾製作公司（Kenneth Cole Productions）在2011年2月曾在公司官方推特上發佈了以下推文：「開羅數百萬人產生動亂，是因為他們聽說我們的新一季收藏品即將上線……KC。」推文還附有連接到時尚商店的網址，而文末的「KC」簽名，則表明消息是由肯尼斯・科爾自己所發。這則推文其實乍看沒有什麼大問題，但發文之際埃及國會大都市正發生重大動亂。而肯尼斯．科爾其實在兩年半前也所犯過類似的錯誤，當年他也曾在推特上發文調侃美國參與敘利亞衝突事件。於是連 CNN 報導也為科爾感到遺憾：「網路世界變化迅速，有大量的推特用戶品牌化，而科爾顯然不夠敏感。」不敏感，相信不會是你我想要的核心價值。

殭屍診療室：如何道歉

真誠的道歉是解決錯誤或修復關係的第一步，而且要避免因循苟且！為了擬定妥適的回應內容，在作出道歉之前，請試著與客觀第三者或有專業知識的人討論（如值得信賴的導師顧問或公共關係專家）。以下是幾乎適用於所有情況的建議：

- 將客戶／夥伴／群眾受到的衝擊降至最低，同理心並真誠道歉。
- 提供解決方案，解決方案要是真實而簡潔的。
- 不要小題大作或無限上綱。
- 接受任何可能的反饋，他們也可能接受道歉，也可能不。

✿ 注意傾聽他們的話，這麼做有助避免未來再度犯錯。

✿ 謹慎而真誠的道歉可能聽起來像這樣：造成您的困擾，我們十分抱歉，也加以省思，我們會更加小心謹慎、不對修正。我們希望能夠補救並解決這個問題，我們能為您做到……，我們十分重視您，請讓我們知道還有什麼是我們能做的。

坦誠而不冒犯

溝通之時，誠實是必要的，但若事實的某部分會冒犯或傷害到人，那必須更加謹慎溝通訊息。好比InterActiveCorp（IAC）的新聞總監賈斯汀・薩柯（Justine Sacco）曾在飛往南非的航班上貼文：「抵達非洲囉。希望我不會得到愛滋病。開玩笑的啦，我可是白人！」

儘管薩科使用的是私人帳號，但公司很快就意識到這篇貼文在推特上引爆的衝擊有損公司聲譽，薩科的航班降落非洲之前，IAC便發表了一項聲明：「這是一則不客氣、令人反感的評論，不代表IAC的觀點和價值觀。」IAC關注群眾反應，同時堅持核心價值，而薩科無疑是殭屍一枚，最後也因此被公司解僱。

殭屍企業是魯莽的，而人類企業則注重核心價值。確立好核心價值，心態調整為正念，同時落實自己的身份定位，我們便能站穩腳跟。而後要注意，每個人每個狀況都彷彿一個故事，保持好奇心，以關愛他人為出發，而非意圖控制狀況，我們便能很好地傾聽與觀察並進，一旦能傾聽他人感受，就會產生一種深刻的同理心。若有情緒，我們可以用倒數十秒來使自己冷靜下來，並不驟下判斷，平心接受反饋。最後，謹小慎微有助精心建構回應內容，讓群眾產生共鳴，讓每一個的故事都得到最好的結局。

殭屍診療室——檢查「理性」

您有多謹慎？

- 現在能夠騰出時間嗎？
- 群眾是否得到充份的關注？
- 對群眾是否採取開放態度？
- 每次溝通方式是否足以回應群眾需求？
- 每次溝通時都會提出精心準備的建設性答案嗎？

Part

03

穩定成就信任

Charging

2013 年 11 月，Lululemon 創辦人契普·威爾森（Chip Wilson）似乎對某些女性的大腿有些想法，主因是 Lululemon 最新款的瑜伽褲使用過多面料。

「坦白說，有些女性壓根並不適合穿這些瑜伽褲。」威爾森在接受彭博新聞採訪時這麼說。這話若是朋友私底下的打鬧也就罷，但出自一家主要消費者是女性的全球運動服飾品牌的創辦人，還在公眾媒體上，聽起來就不太明智了。

雖然後來威爾森試圖透過社群媒體發佈「示好」影音檔來對自己神經大條的評論道歉，但他的作為卻不啻是提著汽油桶滅火。事實上，YouTube 平台中給這段影音按「不讚」的網民是按「讚」網民的五倍之多，因為他奇怪的影片內容是針對員工，要求他們支持他，並且「要證明他們的企業文化無法被抹滅。」威爾森沒有對自己所冒犯的消費者們道歉，後來連許多社群媒體都對威爾森的負面行徑評論與報導。

Lululemon 似乎正在「轉型」，產品的不夠全面理應要更廣納並傾聽消費者的喜好，但威爾森並未對不完美產品承擔責任，也未盡道歉之實，群眾將難以再度信任該品牌，最終他也辭去董事會主席職務。

威爾森事件對 Lululemon 來說並非短痛，大約一年後，Lululemon 公司的股票評價驟降，在 2013 年間引發諸多問題，消費者對這家公司依舊缺乏信任。「客戶離開後，很難讓他們再回來。」Sterne Agee 分析師山姆・波瑟（Sam Poser）於 2014 年對 Lululemon 相關報導做出如是評論。直到 2015 年，摩利・福爾（Motley Fool）等一眾股票分析師仍認為 Lululemon 處於「重傷復原中」。

創辦人一篇出乎意料的評論一夕之間使得該公司前景黯淡，也讓公司看來更像殭屍而不是人類。

什麼是「穩定性」？

前一章中，我們討論了正念與謹慎，強調對群眾了解的重要性。我們知道謹慎的人會為關係帶來穩定性，謹慎的組織亦然。何謂穩定性呢？字典對穩定性一詞的描述為「可靠且不會突然大幅度變動的狀態」。

正如我們在Lululemon案例中看到的，有時，只要一個魯莽的聲明，就足以讓人類組織進入殭屍之流，但是，只要我們拿捏好謹慎度與穩定度，組織就可以建構忠誠的信任關係。

穩定性必須由上往下推動，投資顧問公司首席執行長格雷・蘇利文（Greg Sullivan）在華盛頓特區以外掌管超過25億美元的資產，近期採訪時他提到：「當公司員工看到領導層堅定、團結一致而且關係穩定，會為企業創造穩定性。若否，您的根基會開始動搖。這就是企業應該留意的——維持一個團結的領導層。」

穩定溝通始於穩定領導，穩定的組織能夠理解並支持核心價值，隨著時間的推移，這些核心價值也會被穩定地傳播下去。

目的並非產品本身

聲譽研究所戰略諮詢副總裁史蒂芬・漢—葛瑞芬斯（Stephen Hahn-Griffiths）在受訪時表示：「你不能只講關於產品和服務的故事。核心價值或企業目的應該獨立出來。」漢—葛瑞芬斯以全球運動服飾公司 Nike 為例，指出 Nike 是秉持「鼓舞所有熱愛運動的人」為目的而創立的，也被許多人認為是「以目的為導向的企業」。漢—葛瑞芬斯同時提醒：「公司必須透過高階主管、產品、圖像等媒介具體展現核心價值，這很難做到，因為需要卓越經營、組織變革、員工動員等條件相互配合。」

有靈魂的好處

半死不活的殭屍會有靈魂嗎？可能有，也可能沒有（在互聯網上有相當大的爭議）。靈魂，也可說是精神、心臟、核心或完全不同的其他詞彙，在企業上便指向一個組織的真正本質：身份定位。如第一章所述，這個本質會是組織達成任務或目的的基石，且在每次與消費者及合作夥伴互動時，都應該符合身份定位。

針對企業靈魂，約翰・金柏利（John Kimberly）與哈米德・布琪西（Hamid Bouchikhi）教授解釋企業使用具有「一致性」身份定位的主要好處：信任。公司員工不用擔心「一夕之間改朝換代」，客戶也會不斷回流，投資者也會感到安全並「絕無二心」。當身份定位穩定時，公司會變得人性化，殭屍企業則是因為缺乏穩定性，不被信賴。

教會也要身份定位

不只企業，曾有一中型教會也面臨到身分定位的問題。這個中型教會一如其他教會所面臨的挑戰，在世俗化的現代社會中，面臨世代交替，年輕成員增加緩慢等等問題。在這種情況下，拋下舊包袱，將自己改造成符合年輕世代需求的身份定位似乎是大勢所趨。教會嘗試過類似的策略，例如，透過複製搖滾音樂，讓大眾感受到這是個受歡迎的「大型教會」，但成效平平。

當教會領導者尋求溝通協助時，他們的首要問題圍繞在社群媒體和最佳溝通策略上。顯然領導者並未清楚教會的身份定位，領導者必須釐清：教會是什麼組織？它的核心價值及獨特性為何？

但是這個問題遠遠超出了尋常的社群媒體貼文，也指出更大的核心問題。即便是已經參加教會活動多年的教友也感到困惑，他們不明白會有哪些活動，而教會的立場又是什麼。種種不穩固的因素，讓這所教會看來更像隨意的殭屍組織，而不是具有穩固身份定位的人類組織。

然而，綜合許多意見，我們發現目標群眾渴望的教會模樣，應該是具有吸引力、獨樹一幟的。以下是我們蒐集到的內容：

1　**展現自己，秀出特色**。老一輩與年輕一輩的教會成員都極力讚揚教會所在教堂的美麗和歷史性，包含教會優異的傳統音樂。他們也相當讚賞教會領導人鼓勵教友提問「難題」，儘管是個「小教堂」，卻能展現「大教堂」的質感，這些人性化的高品質內涵長期吸引人們駐足。因此，教會不需要變得不同，也不需要迎合趨勢，只需要明確地向原教友和新教友展現更清楚的內涵。這些內涵必須讓好奇的新訪客在短時間內了解這些鮮明特質，無論是親臨教堂還是造訪教堂網站，讓人清楚分辨這所教堂與街上其他教堂的不同之處為何？成立宗旨是什麼？讓自身特色更加鮮明。

2

將被動支持者轉變為主動倡導者。教會成員需要清楚地了解教會活動及其優先事項，才有可能從被動的支持者轉變為主動的倡導者。在研究中，接觸教會的教友們對於教會立場及所提供的活動持不同看法，不確定性相當多，甚至會有些誤解，當這些事物不夠穩固，教友很難成為主動的倡導者。而最好的倡導者會是那些忠實、快樂的客戶或支持者，因為他們會向新來者提供正確的訊息。老教友認為，教會的美好特質是顯而易見的，而新教友需要快速了解為什麼這所教會是特別的，並看到教會成員的價值。

3 **滿足目標群眾**。雖然教友人數近年來相對平穩，即便在缺乏行銷或推廣活動的情況下，教會仍能吸引新教友。但如果沒有一個明確的接待系統，很難保證新教友能得到一致的重視，自然就不一定會成為其中的一員。

以上種種，可以發現該教會需要確定兩項工作，一是身分定位，二是溝通管道。領導人根據教友的反饋，紀錄教會與教堂的特質，並進一步確立為身分定位的特色，便可以吸引到一定的新教友；另外還必須建立溝通管道，時時互動與更新，透過這些管道傳遞訊息，人們也得以藉此與教會接觸。（倘若一群人和一隻烤雞的圖片盤據在教會首頁上超過三年，這樣還能吸引人們傾訴和祈禱嗎？）

由此，無論群眾是真的走進教堂還是瀏覽教堂網站，這些特質和時時更新的訊息，會讓人們遵循著既定的溝通計畫深入下去（其中包含架構適用於行動通訊設備的新網站），便能利用教會既有的身份定位吸引正確的潛在目標群眾。

殭屍忽略群眾

人際間的真實互動才能增進情誼，同樣的，人類企業關心的，也是與其他人的真實連接，尤其是目標群眾的聯繫。若沒有目標群眾的支持，人類組織很難繼續運作。在第二章中，我們可以盤點自身、競爭對手和目標群眾，而了解群眾意味著可以更近距離觀察他們的需求及潛在可能。

比方說，一般製藥公司通常直接鎖定藥劑師及開立處方的醫生為消費者，他們並非一般普羅民眾，具有專業性。但若要轉型推出上架賣場的常備藥，則以往和藥劑師與醫師的溝通術語就要避免使用了。

針對不同群眾，溝通策略理應多樣化，這些人包含投資者或與組織有利害關係的任何群體。外部群眾指的是組織以外的成員：如投資人、客戶、協力廠商和連帶社群民眾（如公司附近的居民）；而內部群眾則包含組織內如董事會成員、公司各單位及員工部屬。

如果組織尚未以群眾為中心，應該進行轉變，並回頭修正那些不把群眾放在中心位置的行銷活動。透過研究，我們可以更了解目標群眾。

殭屍診療室：訊息在質不在量

人們需要聽到哪些有關組織的訊息？作者過去與組織高階主管合作，發現他們時常提出了長長一列清單，有時甚至包含10個不同想法。這行不通，原因有二：

1　人們不可能花太多時間關注網站或其他行銷活動，這意味著，他們沒時間吸收太多不同訊息。

2 重複是必要的，有助人們記住。如果訊息過多，焦點就被分散了。

因此，有必要將長串的清單內容精簡至一到四個與核心價值相關的想法，並且應該試圖展現與競爭對手的相異之處。作者經常詢問客戶：「你們組織的特點是什麼？」這個問題通常能很快導引出主要訊息。

一旦確定組織的關鍵訊息後，便可以在多數（如果不是全部）溝通管道中使用它們，創造一致性，讓這些關鍵訊息指引溝通策略和創意發想。

過去幾年，人類組織比以往更頻繁地使用各種方式來研究他們的目標群眾。據《歐洲市場和行銷研究》統計，2014 年，全球市場研究支出費用約達 430 億美元。諸如紐約時報（The New York Times）、玩具反斗城（Toys "R" Us）、美國家得寶公司（The Home Depot）、公共電視網（PBS）和美國國家籃球協會（NBA）都砸下預算做用戶體驗研究，以另一種方式了解目標群眾。

”

我們的工作不是告訴人們客戶的產品有多好，因為多數產品看來都大同小異。我們的工作是協助客戶將品牌與情感做連結，以吸引人們優先瀏覽他們的商品。

——麥金尼（McKinney）董事長兼執行長
布萊德．布尼加（Brrad Brinegar）

“

我們要去清楚了解群眾的資訊，除了年齡、職業和性別等特徵，更重要的是他們的心理狀態和生活樣態，來確保我們與目標群眾有所連結：

- 目標群眾年齡、性別、就業、教育和收入的了解程度到哪了？
- 他們住在哪裡？以何維生？
- 他們的需求是什麼？他們想從我們企業中找到什麼？
- 假設他們還不是客戶，要如何滿足他們的需求？
- 他們有什麼侷限性？什麼可能會是阻礙？

- 他們的生活會是怎麼樣的？
- 他們使用什麼溝通管道？
- 什麼可以激勵他們？
- 什麼會讓他們感到挫折？

人類就像數字和故事

殭屍生活並茁壯於曖昧環境中。但是，身為聰明、真實又人性化組織的一份子，我們可以清楚自己和目標群眾的身份定位。研究結果可以提供所需要的答案。

定量研究方法可協助我們辨識有關群眾行為的趨勢，數據轉變成數字（如果它不是數字形式），通常這些內容會導出有趣的證據和事實。例如，假設我們想知道多數群眾對客戶服務是否感到滿意，或者評估群眾對新產品的接受度如何，我可以蒐集定量數據，使用許多是非題或好惡量表（1-5分，評分為何？）。

定量研究並不總是牽涉到與人的直接互動，企業通常使用網站分析和許多其他工具來衡量。透過網站分析，可以確切地知道瀏覽者造訪網站時花了多少時間，點擊哪些內容，忽略了什麼等等。為什麼這些數字有用？首先，他們反映了當前的狀況，並提供一種簡單的報告格式，例如超過60％的客戶將產品評為「好」或「非常好」，數據與報告有助自己快速掌握群眾的喜惡和滿意度。

同時，統計數據有時也可以用來歸納一大群人。如果隨機抽樣大量紐約市成年人，或許也許以宣稱紐約人喜歡自己的產品。

將客戶滿意度調查形諸於數字可以隨著時間的推移輕鬆複製，並從中比較客戶是否比以前更快樂。然而，數字本身並不能提供所有答案。

定性方法則有助確認群眾對於某些事物的深度感受及背後原因，這些方法多用於較小的樣本數或群體，以便獲得更具體的觀察結果。例如，我們可以採訪部分的員工以確定同仁們喜歡以何種方式獲得領導們的訊息；我們也可以訪問一些客戶，了解他們如何在辦公室或家中使用產品；也可以在網站或應用程式中進行測試，與人們討論為什麼他們會點擊某些內容，又有哪些內容讓他們感到困惑。

記錄所知道的

光靠記憶牢記群眾資料是很困難的。該如何把重要的人留在記憶庫中最重要的位置上？群眾角色表或許是一種可以執行的方式。

角色表可以如實呈現群眾內涵。以個人角色顯示，它們代表群眾，可以為每個群組設定動機、需求、期望、行為表現、價值觀和目標等欄位。角色表通常被賦予一個圖像和名稱，有時也包含人口統計學或人物背景，角色表以易於閱讀的格式組成，雖然可以在網路上找到各式案例，但以下是我們合作的非營利宗教組織所創建的簡單案例：

克萊兒・坎斯特（Claire Cantstop）角色表

個人目標

- 在職場上具有聲望且受人景仰
- 刊物撰稿者
- 諮詢協助

情感與行為

- 壓抑且冷靜自持
- 渴望有時間及金錢可以邊寫作邊旅行
- 累積生活經驗

Claire Cantstop
"So much to do! But not enough time for what I want."

生物與人口統計學

- 45 歲女性
- 喬治亞州亞特蘭大牧師
- 單親媽媽育有一兒
- 年收入 6 萬 5 千美元

可能的解決方案

- 告訴她該如何創造有效率的寫作計畫
- 教導她如何製作提案
- 提供網路資訊供其精讀與思考

發展人物角色表，就像這個例子一樣簡單，我們可以和組織成員分享這樣的內容架構，設計內容與決策。

首先，成員需要釐清和協商才能創造出精準的角色表，並依此討論更有效的溝通方案，也可以討論如何改善溝通技巧。

角色表是隱藏於研究背後的溝通好工具。隨著群眾變化，這些研究內容也需要更新。協調者通常會透過公司執行長或其他員工了解目標群眾，以協助客戶開發角色表。這些資訊可能來自於個人知識、軼事題材或過去的市場研究，但必須結合當前的研究內容與實際的目標群眾，否則，溝通決策非常容易基於錯誤的假設而制定，許多公司往往就是敗在自認真正了解客戶，想想 Gap 的商標改變案例，便可以知道更新角色表資料是多重要的一件事！

研究是明燈

最受歡迎的全球募資平台 Indiegogo 的用戶研究總監艾嘉・波寇（Aga Bojko）說：「定性研究的重要性被小覷了。我喜歡量化研究，那些認為定性研究『不科學』是過於天真的想法。好比民族誌研究可以提供您無法獲得的，具有深度及廣度的抽樣調查資訊。」

身為一名備受關注的作者，波寇的業界資歷超過15年，大約在兩年多前她加入 Indiegogo，原因是她被 Indiegogo 的核心價值所吸引：無畏、真實、合作與授權。

Indiegogo 總部位於舊金山，約有 130 名員工，波寇隸屬於一個13人編制的用戶體驗專業小組，其中有4人專注於研究。所有研究人員與 Indiegogo 的設計師、產品經理和行銷專家密切合作。為了優化與客戶的溝通，今年初，波寇與她的團隊重新審視公司的角色表。

Indiegogo 必須吸引和滿足兩個主要目標群眾：1. 活動策劃人，或者是使用該平台籌資的人，以及2. 支持者，或支持競選者的人。因此，為了能更了解活動策劃人，波寇的團隊針對近期試圖籌資的客戶進行了30餘次採訪，這些客戶的籌資目的包含打造一本著色書、開發網絡系列、開發無人機或智慧型溫度計等等。

之後，波寇的團隊利用這些數據改造 Indiegogo 現有的一組參數，以便更精準地反映近期 Indiegogo 吸引用戶的動機。爾後，波寇發現兩大用戶族群：「摩根」與「史凱勒」，這也是後來該團隊的兩個活動計畫：「摩根：市場的旅程（Morgan：Journey-to-Market）」和「史凱勒：自我發現（Skylar Self-Discovery）」的原點。

用戶體驗小組和行銷團隊都意識到，過去的訊息傳遞方式偏向於「摩根」用戶，他們主要目的在於擴展和獲得產品或市場創新；但展望未來，溝通方式也應該與「史凱勒」代表的團體產生共鳴，意思是這個人或群體正在自我摸索中，希望透過社群支持確認他們的專長。

現在，行銷團隊準備向客戶發送電子郵件時會更加留意兼顧「摩根」和「史凱勒」族群的不同觀點，例如，如果電子郵件的收件人包含像史凱勒這樣的活動策劃人，那麼團隊會考量諸如「產品分銷」或「製造規模」之類的詞彙是否阻撓他或她對訊息的接受？

除了更新角色表，波寇團隊過去兩年中所進行的研究也引導 Indiegogo 產生重大變化。研究發現，獲得資金只是創作者和企業家所面臨挑戰的一部份，而這些精確觀察並未涵蓋另一個層面：在成功籌資後，多數人下一步打算怎麼做？波寇指出，活動策劃者通常致力於製造和分銷產品。

因此，從2015年開始，Indiegogo開始轉變業務模式，增加額外的後期支持。2016年，Indiegogo 更新了「民主化取得資金」的使命，改成「使人們共同致力於重要想法，並落實這些想法」。

Indiegogo 官網上的訊息反映了新的使命，例如「從概念到市場，每個環節都有我們的身影」。

Indiegogo 的客戶如今受益於 Indiegogo 與艾睿電子（Arrow Electronics）、網購零售商布魯克史東（Brookstone）和新蛋全球生活網（Newegg）等公司的合作。例如，他們就成功推動 340 萬美元的活動，讓貓咪耳機 LED 燈成為布魯克史東的暢銷商品。

波寇說：「我們專注於用戶體驗，這有助於讓我們在當前市場上脫穎而出，聽取客戶意見已經改變了我們的業務模式。」截至 2016 年 8 月，Indiegogo 最大的競爭對手尚未開始提供類似的支援，這也讓 Indiegogo 仍驕傲地在網站上大肆宣揚這點。

在建構內容、開發新服務、重新設計網站之前，花點時間研究是非常重要的。我們可以靠猜測，或者也可以依賴研究，但有時有些組織會希望從預算中扣除研究經費，因為他們宣稱：「我們了解客戶！」但這點很可能讓他們一腳踏進殭屍領土。

研究計劃可能是什麼樣的？假設有個組織是一個以肺癌為重點的非營利組織，決定推動一個讓青少年戒菸的重要活動。這意味著首先要蒐集公開的數據，以了解青少年吸菸的整體狀況或檢視歷史趨勢。然後，我們可以進行競爭分析，看看其他組織正採取什麼行動遏止青少年吸菸。接下來，考慮到具體的研究問題，可以進行定性和／或定量研究，以了解群眾對戒菸的看法，藉此掌握全盤資訊。這些都是從研究中獲得的觀察，可以幫助來打造更有效的反吸菸活動。

穩定的人類組織，需要進行有力的研究以便有效地說服群眾，研究甚至可以指引企業走向未來的路！

真實帶來的恩典

穩定的組織也有其他重要特徵，它們是真實的、謹慎的、可靠的、自信的和具有續航力的。

2007年，一個致力於推動公共關係的工業貿易協會——亞瑟·沃特協會（the Arthur W. Page Society）發佈了一份重要報告〈可靠的企業〉（The Authentic Enterprise），期中揭示了快速變遷的環境對公關專業人員的影響。

〈可靠的企業〉也討論了領導者在業務運作中應該採取更多戰略和互動需求。這份報告的主筆作者們建議，投資者或群眾在全球數位化環境中已習於在倍數成長的數字中生活，他們也指出，對企業來說，企業想要的應該是能確保企業在複雜市場中維持獨特性的溝通良策：「在這樣的環境中，這些定義稱之為價值觀、原則、信念、使命、目的或價值主張，這些定義必須真實且表裡如一。總之，真實能讓企業和領導者點石成金。」

那麼，何謂真實？真實的人有獨特的個性，表現出誠實和自我意識等諸多特點。他們不像殭屍，因為殭屍缺乏完整性，沒有足夠的腦容量與他人進行適當的互動，也容易表裡不一，欠缺一致。以下是真實可靠的人或企業，應該具有的「優雅」的特質（GRACEful）：

真誠的（Genuine）。

透明度是關鍵，誠實能導引決策，並令核心價值落實，建立良好的互動關係。

負責任的（Responsible）。

組織負有明確義務，用於建立或加強員工或群眾的信任感。

樂於助人的（Accommodating）。

在保持核心價值的同時，溝通應該視群眾需求和場合做有益的調整。

可靠的（Credible）。

具有可靠或統計資料研究來支持，這些研究來自於權威人士。

令人興奮的（Exciting）。

組織有趣且充滿活力。

綜合真實性的要素，我們可以簡單的以「優雅」（GRACE）這個字來核實自己！

由於推特日益普及，該平台已經建立了「最佳自動化做法」，然而，一如《主流內容》

雜誌（Chief Content Officer Magazine）所發表的評論：社群媒體自動化是非常不可行的，「社群媒體應該是要和人類即時互動的，但自動化功能會讓行銷人員將社群媒體視為掃射工具而非對話。」

有意識的規劃內容

我們或許可以學習汰漬（Tide）公司的作法。這家公司在2013年超級盃停電期間發佈了簡單又有創意的行銷活動，這個案例可不是並不採用推特自動化功能，但卻掌握時機點，發表簡單的行銷文字：「我們不能照亮您的黑暗，但是我們可以拿掉您的污漬。」這則推文讓人感到有趣，超過10萬點閱率，而且市場行銷、溝通專家也加入追蹤。

時機點的掌握，有意識的規劃內容，讓即便如汰漬這樣不太了解群眾想法的公司也能受到關注（在接下來的章節中會討論創造力和自發性）。

但殭屍不諳規劃，因為它們沒有意識。如果已經釐清自己的身份定位，完成了一些初步研究，並且知道想要的溝通內容，那麼下一步就可以擬定策略了。在此之前，需要進一步了解目標（Goals）、目的（Objectives）、策略（Strategies）和戰術（Tactics）。有效的 GOST 擬定意味著需要推敲溝通內容，了解如何說、何時說與何地說，這個推敲過程便能逐步為我們能達成溝通成效。

多數組織備有對外所使用的文件格式，裡頭詳細介紹了溝通計劃或想法。例如，《行銷研究所》（Content Marketing Institute）資料顯示，手邊備有書面策略的行銷人員在執行成效上比沒有書面策略者要好。制定明確計畫的組織具有競爭優勢。我們制訂好的內容會讓其他人遵循，如果他們想讓自己看起來或聽起來很專業的話。溝通計畫必須依循 GOST 架構。

GOST 架構外表看來就是一張樹狀圖，好計畫需要精準的策略支持才可能實現，方法則跟著策略走。有些目標需要搭配多種策略，有些策略必須搭配多種方法。以下是樹狀圖可能形成的樣子：

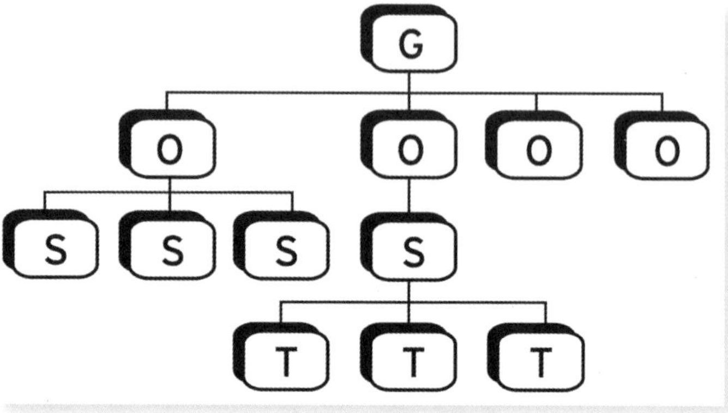

目標（Goals）：要去哪裡？

所有的溝通內容都必須有一個或多個目標，目標帶來指引。假設我們正運作一個努力找資金的社群藝術協會，但是參訪藝廊和登記參加兒童節目的人數卻不斷下滑，後來進行了總體評估以確定是否需要計劃性地做些改變，接下來要做的則是將社群藝術協會的價值觀傳達給社群民眾，並發現整體目標是想需要取得維持協會運作的資金。

花點時間釐清整體的方向，並記下主要目標（一個即可），便可往目的（Objectives）邁進。

目的（Objectives）：方向是什麼？

相對於目標，目的需要更具體一些，它們會是計畫的核心，有助識別出需要克服的問題或找到達成目標的機會。以社群藝術協會的案例來說，這個目的可能可以幫助在未來數季中提高 25% 兒童節目登記參觀率。

目的將導引出溝通策略和執行方法。通常，大約三到五個目的可達成一個特定目標。目的應該夠聰明（SMART），畢竟相對殭屍，人類是聰明的！SMART 這個首字母縮寫常被運用於不同的行銷內文，對於 SMART 的具體描述可能會略有不同。以下是作者所定義的 SMART：

明確的（Specific）。目的應該是明確而不含糊的，易於讓其他人理解。前述藝術協會的目的即是非常明確和具體的，如果只簡化成需要增加登記參觀率就不夠明確，但如果傳達希望在接下來的數季之中可以提高 25% 參訪率會讓溝通內容更明確。

可量化的（Measurable）。應該有明確的標準來衡量目的實現的進度。目的是可以量化的，因為不論最後是否達成登記參訪人數提高25%，都可以以此對照。

可實現的（**Attainable**）。目的應該是可以實現的，具可能性的。根據過去的表現，也許登記參訪人數要提高25%的目的是不可行的，若仍執意訂立，能達成的機會便很低。

實際的（**Realistic**）。除了可以實現，組織能否具備獨特的資源和能力以實施該目的？比方說，如果預算不足以支持提高參訪率所需投入的金額，那麼，提高25%參訪率這個目的是不切實際的。

有時限的（**Time-sensitive**）。執行計畫時要有一個明確的時間規範，因為目的牽涉到接下來的季度，同時也可以產收鞭策的效果。

花點時間寫下目標的目的內容，試著想出至少兩、三個目的？並以SMART標準來檢視。如確定可行，我們便可以進入到策略的擬定。

策略（Strategies）：該怎麼去？

策略一詞令人困惑，因為業界以多種方式使用這個名詞。一些專業人士交換使用「戰略」與「策略」，兩者並無二致。而我們將「策略」定義為實現計劃與目標的方式，「戰術」則是所要傳達的訊息或技巧。

溝通策略來自於認真的研究內容。相較於定義目標和目的，將花更多時間在策略發展上。不過在進一步行動之前，請先提醒自己釐清以下幾點：

- 我們試圖達到何種目的？
- 我們試圖溝通什麼訊息？

我們一開始可能會想：接觸父母吧？因為他們最有可能幫我達成增加參訪率的目的，特別是針對孩子們的計劃。然後我們可能就關上電腦，開始敲打訊息：「溝通父母來為孩子們而登記。」

但真正好的溝通者會思考且進行研究，以便徹底地回答這些問題，從中找到更好的策略。比如更仔細描述「父母」這類群眾。回顧我們稍早提出的問題，並將其應用於這類情況。會投資藝術協會的典型父母特徵為何？年齡？性別？但更重要的是，這些典型父母從事什麼行業？在哪裡和如何謀生？他或她的生活方式是何樣貌？如果我們自己是一個可能喜歡藝術課程的兒童家長，會怎麼看這件事？何種因素可能促使自己有所行動？

讓我們思考社群藝術協會的目標群眾可能的潛在角色表。可能從這些可能開始：珍妮（Jane）36歲，育有兩名年約4歲及6歲的孩子，住在中等城市的某個郊區；她每年捐款1000美元給協會；她和她的丈夫鮑勃（Bob）一起參加當地的藝術活動；他們的家庭年收入約125,000美元；她每天走路接送孩子到蒙特梭利學校（Montessori school）上課；她是名工作媽媽，週末會與家人一塊騎自行車；每週一個晚上會與也是媽媽的閨密們出遊等等。

一旦對群眾多認識一些，就需要考慮溝通目的。例如，是否想改變想法或行為？讓珍妮思考更多有關孩子們的節目，讓她和朋友們談談這個話題，還是想讓她為自己的孩子報名？這些概念是不同的。規劃過程應該縮小訊息範圍，它也許還可以確定如何發送訊息。為了達到將參訪率提高25%的目的，我們可以列出以下策略：

- 在即將到來的藝術季推動媒體宣傳活動。
- 創造足以充份描述每個節目的資訊，並勸服父母為孩子們報名。
- 籌劃特別活動慶祝即將到來的藝術季。

請記住，策略的目的是為了目標的實現。是否能為每個目的可以列出兩或三個可以實現的策略呢？是否有些策略是雷同的？有時我們也可能發現，真正想執行的活動實際上可以達成多個目的，這在預算有限情況下是更好狀況。

接著，只需要再做一個步驟：選擇傳遞訊息的技巧，這就是戰術。

戰術（Tactics）：做些什麼？

如果有一些實用策略，戰術也應該到位。許多人士會直接進入戰術階段，而不是先思考適當的步驟，好比他們會想：我們可以貼文，也可以提供刻有協會名字的筆或小徽章之類的贈品！這些想法雖然很有趣，但卻過於草率，欠缺計畫。但若我們的整體計畫已經通過 GOST 流程，應該會更清楚地看到，哪些戰術會是實現目標和目的最有利的手段，並且充份執行擬定好的策略。

戰術必須能透過溝通來落實，例如製作些小冊子、網站或新聞稿。選擇最適合目標群眾的手段，並有效地傳遞訊息。好比珍妮可能會收到一封感謝信，感謝她的年度捐款，同時隨函還附上了兒童節目訊息。試著花些時間列出每個策略所要使用的戰術。如果不止一種策略，也許要列出不只一個戰術。

只要計劃周詳，GOST 清楚完整，整個計畫將會循序漸進、水到渠成。

型塑可靠的形象

幾年前，美國銀行（Bank of America）推動一系列重大費用變革，造成他們的客戶驚訝又憤怒。最被詬病的點是，凡是消費5,000美元以上的簽帳帳戶每月要多收取5美元費用，後來民眾的反彈迫使美國銀行在2011年改變這項決定，但並未因此阻止銀行在未來幾年內推出更多爭議性的變革措施。許多消費者都投訴美國銀行，這也讓該公司也連續三年被評為「美國年度最糟糕公司」。

美國銀行做出讓人跌破眼鏡的決定，此舉不符消費者心中可靠及值得信賴銀行的形象，進而不願與該銀行打交道。不穩定的政策，形塑不可靠的形象，更可能導致了類似的反彈。我們需要極力避免這些不穩定政策，以下一些方法可以幫助我們在整個企業發展過程中保持可靠形象：

1　**精心打造一的致訊息**。將核心價值放入精心製作的訊息中，清楚自己的定位，也不會輕易動搖信念。在訊息傳遞時，每個人都要有相同的認知，所發佈的溝通計畫必須讓每一位訊息接收者有相同的理解。

2

即使在不同管道進行溝通，也要呈現相同的身份定位。為了做到這點，必須高規格檢視溝通結果，溝通結果是否有得到不同人馬的支持？如果有，這時便能驗證我們所說的最低限度一致性，意即，所有寫下的內容、對群眾的說話口吻、聲調和風格應該是一致的，且能彰顯企業的身分定位。在表達身份定位時具有相當的一致性會為自己和群眾都帶來更多信心。

殭屍診療室：如何突顯訊息的穩定性

組織風格也是與群眾溝通的一種方式，風格影響組織所有書面和視覺溝通內容，風格也強化了組織溝通的一致性。例如，一致的網站頁面設計可以幫助使用者達成最終目的，也會讓組織看來更穩定、更有一致感。

《美聯社》（The Associated Press）有本多達 500 頁的風格指南（現在則多了一個 App 應用程式）。此外，MOO 是一家客製化印刷公司，他們推出了一套名片，依員工口音、個性、語法、標識選擇等條件設計而成。要建立組織的風格，可能只需要兩頁文檔，但無論選擇何種形式，都需要可被搜尋、易於理解和方便使用。

建立組織風格，我們首先要考慮以下幾個條件：

視覺內容	文字內容	溝通訊息
顏色	大標／標題	我們是誰
標題	超連結	任務／目的
花樣	口氣與語調	目標
肖像	字型與字體大小	主要目標群眾
商標使用	適合的名字	主要訊息
字型／字體大小	縮寫	可用性

然後考慮內容創作者所提出的問題或主題，並添加認為合適的其他內容。我們來看看位於教堂丘（Chapel Hill）的北卡羅來納大學（the University of North Carolina）關於顏色和標誌風格的摘錄內容（連結網址為 identity. unc.edu）：

如果可能，標誌應該用卡羅來納藍，也可以用黑色或白色取代。當出現在白色或淺色背景上時，整個標誌應該是黑色或色卡上的藍（PMS 542），當在深色或黑色背景上出現時，整個標誌應該反白。

內容則繼續說明色卡上的藍色（PMS 542），既可以讓印刷效果更好，在網頁上也更顯出色。大學風格指南中的其他說明內容可能包含：正式團體或委員會的名稱及標題是否大寫，以及學校名稱如何縮寫。

不過，不需要從頭開始，電子郵件行銷公司 MailChimp 提供了大眾風格指南，只要點進 styleguide.mailchimp.com 網址即可視個人需求找到適合的風格。但請記住，風格指南只有在人們使用時才有價值，要確認好風格內容是否便於使用，員工也要了解為什麼他們應該配合辦理，這才能有最大價值。

華麗風衣的啟示

殭屍愛展現虛偽的自信，它們總是在尋找權力，多半不請自至，攪亂一池春水而且隨意搞破壞。他們多半引發負面關注，人們因此而心膽俱寒。相反的，人類組織出於真正的自信，提供非常穩定的產品或服務。他們的溝通行為是一致的，而且引人入勝，具有說服力。

這種自信始於身分定位與組織的穩定度。當我們為自己的身份設定某個目的時，信心就是關鍵，穩定的組織有信心能夠清晰且有效地提供關鍵訊息。

讓我們來看 Burberry 集團的例子，自19世紀中期以來，該企業即成為時尚界指標，格紋設計及華麗風衣為經典代表。但與時推移，越來越多競爭者出現，Burberry 開始失去頭寸，直到安琪拉．阿瑞茲（Angela Ahrendts）於 2006 年出任該集團執行長，領導 Burberry 進行「品牌改造」，品牌終於起死回生。她為 Burberry 建立明確願景，而且還策略性地分享，以確保公司所有成員都站在同一條船上，由上而下團結一致。她更選定華麗的經典風衣，作為核心產品，建立形象，最後業務逐漸恢復穩定。

在此之後，《富比世》雜誌報導：「她清楚地描繪了公司的機會，確保所個人都理解這個願景，然後幫助組織完成任務。……阿瑞茲與整個公司分享了自己的願景，在她的授權下，行銷人員得以成為品牌倡導者。」

如今，Burberry 企業網站透露，該公司的頂級策略是「維持一貫的真誠與客戶交流，成為鼓舞人心的品牌，無論消費者從何處看到我們的品牌。」我們喜歡這個說法，因為它指向身份定位的重要性！

如果找到了身份定位，並且真的明白這個身份所代表的意義，我們必須不斷地傳達自己的身份定位，而持續溝通將會為我們帶來穩定性，這也意味著可靠信譽的到來。

以下三個問題可以問問自己，它們有助我們檢視自己的溝通能力：

1. 我們的溝通內容是否一致？在戰術中我們所要傳達的主要訊息是什麼？當我們在溝通時，言行是否一致？我們是否可信賴？
2. 我們知道自己在說什麼嗎？我們的溝通是否可信？我們是否在此議題上建立了權威感？我們是否直接並清楚表達所要說的？
3. 我們有什麼特別要說的嗎？還是，我們聽起來就像我們的競爭對手？我們的目標群眾是否喜歡接收我們的訊息並樂於與我們互動？

三個基本

一些專家認為，當今之世持續發展業務的關鍵在於「三個基本」。三個基本意即組織要同時重視以下三個領域：

1. **利潤（Profit）**：具有持續力的組織營運目的在於獲利，他們對數字感興趣，而數字代表公司在財務上得以維持。
2. **人（People）**。能持續發展的組織對人感興趣，也會衡量企業在營運過程中的社會責任。
3. **地球（Planet）**。能持續發展的組織關心地球，或者認為在企業運作的過程中應該對現實環境負責。

這三個基本為組織發展，創造穩定的基礎，很多人都想知道如何平衡這三個領域，其實關鍵就在於傳達溝通之間。

衡量利潤

首先要注意的是，組織的任何作為必須有利可圖，也就是說，任何溝通傳達等等作為都是為了帶來利潤產值，否則就是浪費資源。而規劃會有助於確保溝通工作使公司營運正常，但是我們也看到很多不小心的例子，導致公司獲利出現赤字。

比方 2011 年超級盃期間，團購網 Groupon 發表了一系列以嘲弄人為樂的商業廣告。廣告中，演員提摩西．赫頓（Timothy Hutton）出現在芝加哥一家西藏餐廳，他提到西藏的「艱困」，所以他使用 Groupon 團購網來省下更多錢，以下摘錄自該廣告詞：「西藏人民陷入困境，他們的文化岌岌可危，但他們還是製作了美味的咖哩魚……在 Groupon.com 上購買這間西藏餐廳的美食，只要付一半的錢就可享用，省下更多。」

而這則廣告，便被指為「魯莽而無同情心」，推特上的負評迅速蔓延，比方有人回應：「親愛的 Groupon，有超過一百萬西藏人在中國政府佔領期間遇害，這個廣告一點都不好笑。」諷刺的是，Groupon 此舉其實就在突顯西藏運動，其背後是為一個提供西藏難民就業機會的慈善機構來籌資。首席執行長安德魯．梅森（Andrew Mason）在部落格中發言為此辯護：「如果是出於輕視的理由，我們永遠不會播放這些廣告。」但是，網友艾登（Adam）的線上評論卻摘錄了許多相同觀點：「實際上，我欣賞這個隱身其後的故事。我同意，這個點子並不完全可怕，但它的確無視於西藏人民所受的苦難，也許 Groupon 並無犯意，但不意味著廣告本身沒有冒犯之處。」

該事件過後，許多人明確表示不會再使用 Groupon。Groupon 廣告的表現方式，顯然影響企業的基本。

記住，所有的努力是為了獲利，如果這些努力無法幫助組織達成利潤，那就別再嘗試，換條路走吧。

社會意識

對於企業來說，社會意識關係到公司看待「人」的價值。通常可以透過觀察公司對員工各方面的照顧一類的面向來認識該公司的社會意識。如果一個組織在溝通傳達上具有社會意識，應該會遵循以下這些原則：

善待群眾。如果希望群眾以我們期望的方式來對我們溝通，我們也要用同樣的方式與群眾溝通。這代表尊重，也意味著開放和友善。

加強合作。具有社會意識的人相信共同努力可以實現目標，表現出互動意願，邀請群眾與組織溝通。

表達好感。沒錯！讓群眾知道我們有多愛他們！花點時間展現小小的貼心吧。好比美國最大希臘優格品牌 Chobani 邀請客戶參加電視廣告「實境秀」活動，然後拍下他們對產品的喜愛程度，為群眾提供意想不到的驚喜！

尊重現實環境

在溝通傳達資訊時，我們必須對環境友好，與現實和諧共處，一如在第二章中的「世界觀」所提到的，洞悉外部環境可以避免許多溝通發生重大錯誤。好比 2012 年便有個忽略外部環境的前車之鑑，生產好奇紙尿褲（Huggies）的金百利克拉克公司（Kimberly-Clark）發佈了一系列「測試爸爸」的廣告，其廣告內容說道：「這是一場極艱難的挑戰：將爸爸們和他們的寶貝關在一所房子裡獨處五天！」金百利克拉克認為此舉意在支持父親，讓他們也能成為積極的照顧者。

但金百利克拉克對目標群眾的了解度不夠，許多現代爸爸們認為他們被冒犯了，因為此舉意指父親們不是好的照顧者，受到最多撻伐的影片內容是：「爸爸們看來更有興趣觀看體育賽事，而不是照顧寶寶。」這幾則廣告也迅速激起一名爸爸部落客發動Change.org的線上請願活動，連署抗議者達1300人，好奇紙尿褲的臉書粉絲頁也爆滿「父親們的投訴」。

金百利克拉克發言人喬伊．莫瑞（Joey Mooring）最終出面道歉並修改了廣告內容。在這個案例中，尊重環境意味著需要不斷注意人口變化統計數據與特徵，或至少要留意現代父母的行為。金百利克拉克沒有考慮到一個事實：越來越多父親加入育嬰行列，也難怪這些自豪於自己所提供的照顧的老爸們會群起憤慨了！

尊重現實環境，要注意不斷變化的主客觀條件和群眾心目中的話題變化，大製的具體內容如下：

- 改變刻板印象
- 政治動向
- 人口統計數據
- 文化習俗
- 全球趨勢
- 語言使用
- 體育賽事
- 流行趨勢

人類組織喜歡密切關注如何適應這個變動的世界！在本章中，我們一直強調研究的重要性，這也是為什麼皮猶研究中心（The Pew Research Center）等組織會發表各種政治、社會和全球趨勢研究的原因，而透過這些管道可以很容易找到關於「家庭主夫」數字攀升的數據。

然而殭屍不關心也很少意識到環境變化，他們欠缺思慮採取行動，自然也不會有穩重的發展。請記住，組織需要穩定才能茁壯成長，穩定的組織是真實的、深思熟慮的、可靠的、自信的，而且有續航力。然而，穩定並不意味著停滯不前，這就是下一章要討論的重點：靈活的重要性。

殭屍診療室——檢查「一致性」

您有多穩重？

- 知道自己組織的核心價值嗎？在溝通之前，是否會進行正式規劃？
- 訊息的表達是否一致？
- 溝通時，是否顯得有自信？
- 溝通是否能夠「獲利」？
- 是否關心群眾，並有著開放友善的心？

Part

04

靈活面對每個挑戰

Charging

「我不想跟任何人說話。」

這是詹寧斯．布羅迪（Jennings Brody）在2012年12月26日一場意外火災之後的反應。這場火災讓她心愛的餐廳帕克（Parker）和禮品店奧迪斯（Otis）停業約六星期。

布羅迪已經成功且穩定運作這兩間店五年多，她提供美味佳餚和有趣的產品，吸引一批忠實粉絲，向是鄰近杜克大學（Duke University）的學生們。布羅迪與當地社群互動良好，被封為「可靠和友善的店家」。

但是，當面臨到重大危機時，布羅迪真的壓根不知道該說什麼，特別是新聞記者在災後詢問她與火災無關的業務問題時，逼得她語氣決絕的道：「我的店剛剛被燒了，我現在不想談這件事！」

這個經驗對布羅迪來說太可怕也太震撼，辛苦經營的店毀於祝融，箇中滋味可想而知。在面對危機或意外時，許多人的典型反應是逃避或撤退。然而，這種時候往往是客戶、員工乃至一般群眾來檢視領導者的時機，若能夠靈活調度、從容不迫，這會助領導者渡過難關。

幸運的是，布羅迪有一個值得信賴、具有公關經驗的友人，他代表布羅迪接受媒體訪問。她的朋友堅稱，布羅迪已迅速走出低潮，正面的處理後續事宜。在友人的幫助下，布羅迪寫了一篇 300 字的臉書貼文，詳實又充滿情感。以下是摘錄內容：

> 我們很慶幸這場火災災情不大……。雖然很難過看到大型垃圾車裝滿毀損的物品開走……，但我們認為您更會喜歡新的硬木地板（我們全部都搶救下來了！）、新的咖啡吧檯及櫃檯、更明亮的餐廳，還有店內其他大大小小的變化，這些會讓您的造訪變得更愉快舒適。

請持續關注我們的動態，也誠心感謝在店面重新裝潢的過程中您所付出的耐心和支持，我們已經迫不及待地想要讓您看到煥然一新的美麗店面！

比以往任何時候都更愛您的詹寧斯

儘管歇業六周重新裝潢店面，這篇貼文仍獲得 512 個讚和73則鼓勵留言，事實上，火災之後，布羅迪的生意仍蓬勃發展，「當店被燒了，你就得做出改變。」她語帶嘲弄地說。

然而正面的貼文吸引了媒體的報導，讓更多原本不知道布羅迪的店的民眾來訪。布羅迪終結了一場災難，而且受到許多人祝福，此後帕克和奧迪斯生意依舊很好，而布羅迪在 2015 年10月又在市中心新開了兩家店。

由此可見，無論是協助溝通或對外發言，靈活性讓布羅迪的小生意度過一段不可置信的艱困時期。而殭屍欠缺靈活性，無法讓它在第一時間做好溝通，自然也無法面對挑戰，遑論能累積信賴感，如此，便和活死人其實並無二致。

什麼是靈活性？

在前一章中，我們深入了解穩定性的重要，相對於穩定性，靈活性是另一項互補的能力，兩者並不衝突。

有些公司整體傾向於屈就與迎合，乃是因為尚未穩定，有可能他們正處於發展階段，所以努力調整自己以符合他人的期望。一如SalterMitchell執行長兼首席創意長彼得·米契爾（Peter Mitchell）投資範圍橫跨行銷和公關公司，他形容靈活性好比雙面刃：「您可以靈活多變，但可能就不是原來的自己。」

雖然靈活性很重要，但如果做得太過，群眾可能會認不出原本的樣子。例如，如果一位傳統拘謹的60歲家庭醫生，突然用表情符號寫電子郵件來跟病患溝通，可能多少都會擔心郵件帳號是否遭駭客入侵吧？為了避免出入太大，矯枉過正，靈活性應該是在已經建立的身份基礎下做有意識的改變和調整。

2015年，蘋果（Apple）表示在客戶三個月的試用期內，新媒體服務 Apple Music 不會付費給創作的藝術家，這個聲明引來社群媒體騷動。歌手泰勒·絲威夫特（Taylor Swift）威脅要扣留她在蘋果的新專輯，並在微型部落格 Tumblr 上表示：「這消息令人震驚且失望，我很難相信這個決定是出自於一家悠久且慷慨的公司。」

消息一出，蘋果也快速翻轉政策，支付相應費用給藝術家們，以符合原有的身份定位：創新與慷慨。蘋果善用商業決策和聰明溝通，快速調整以滿足藝術家和群眾們的需求，使這樁可能形成的公關危機快速妥善處理。即便短期來看，快速作出業務的變化可能要付出昂貴的代價，但從長遠來看，溝通上快速的調整更是取悅蘋果鐵粉的好決定，因此不到一年，這項新服務便吸引了 1100 萬用戶使用。

米契爾在接受訪問時便指出，蘋果的這項案例顯示靈活性的精隨：靈活性始於傾聽。

靈活性始於傾聽

殭屍的聽力特別不好，也許是因為他們在成為殭屍後便立刻失去了很多能力。從艾美獎最佳電視影集《陰屍路》（The Walking Dead）中可以看到，一旦人類受到感染，任何有意義的對話都會停止。足智多謀的人類一旦變成殭屍，他們也就搖身一變成為只會發出呼嚕聲而且呆頭呆腦的生物，相對的，人類組織的聽力，一定都比任何殭屍來得好！

「訊息」可以像尖叫聲一樣響亮，也可以像耳語一般微弱。例如，也許有人會在臉書上抱怨東抱怨西，或者有客戶說他在公司網頁上找不到想要的訊息。這些訊息的聲量有大有小，但我們都需要注意傾聽。

好的聆聽者能夠保持冷靜，不過度反應。他們會拼湊起微妙的線索，而且儘可能蒐集一點資訊，然後進行分類。所以，當傾聽時，要不斷提醒自己，我有同時在觀察嗎？我真的聽懂了嗎？對於所聽到的內容，是做出評斷還是重新組合呢？

試著保持客觀與實事求是，在觀察、感受和判斷之間進行分析，消除不必要和無益的判斷，此舉有助緩下當下的情緒，提高傾聽技巧，這在某種程度也雷同我們前述所提的「暫停」，自然，我們也可以將「倒數十秒」的概念挪用至此。

一旦釐清訊息，客觀冷靜分析後，我們便能適時做出更為精確的反應。

平常我們也可以與一位信任的朋友、導師或同事，談談這些緊張時刻，請他們給自己一些想法或意見，這會有助用更中立的角度來看清事實。

好的傾聽者會吸收大量訊息以釐清重要片段，或以簡單的方式做總結。如果目標群眾喋喋不休，可以聽出他們所說的具體主題嗎？如果可以，那表示已經具有足夠的靈活度和注意力以抓住關鍵時刻。

生與死

醫生需要有能力快速處理最細微的生命徵象變化，可以說是手術室中最重要的人物，他們透過「目視」和「傾聽」密切關注患者，並迅速採取必須的行動，在關鍵時刻穩住患者——不論生或死。

在此，我們可以想像自己是醫師，以「目視」和「傾聽」密切關注組織裡的某些危及的關鍵時刻。在此，提供一些危機狀況的前車之鑑：

關鍵時刻警告#1：負面消息

2013 年，Yahoo 要求員工一律到公司辦公，以往的遠距或在家工作將不再是選項。該公司要求遠距工作的員工搬到既定辦公室裡工作，若無法接受就請自行辭職。這項消息這些遠聚工作的員工來說，無疑令人憤怒且沮喪，畢竟他們當時便是因為遠距工作的靈活性而就職。這些員工決定將這內容告訴媒體，很快地，雅虎公司的這項政策便成為全國話題。

然而，雅虎執行長瑪莉莎・梅爾（Marissa Mayer）並沒有正面解決這個問題，而是透過發言人表示，公司不會對外討論內部事務。由於梅爾的政策抵觸了靈活性和遠距辦公的全球趨勢，種種議論可能破壞公眾對雅虎的看法。兩個月後，梅爾在人資會議的演說中捍衛了自己的立場，並聲稱在辦公室工作可以提高生產力，無論商業決策的價值為何，溝通不利和執行長的龜速回應都顯得 Yahoo 欠缺同理心，已有屍化的狀態出現。

關鍵時刻警告#2：混亂

2011 年，加拿大廣播公司（Canadian Broadcasting Corporation）在消費者監看的節目 Marketplace 中播放了一個片段，內容有損加拿大癌症協會（Canadian Cancer Society）的名聲。播放內容指出，儘管捐贈給癌症協會的款項變多，但用於研究的資金卻不成正比。而協會亦拒絕受邀在廣播節目中發聲。電視節目讓協會陷入黑暗之中，不只讓協會混亂，也為觀眾帶來混亂。

混亂出現時亦屬於危急時刻，這時一般性說明無法有效解決問題，因此加拿大癌症協會須有意識的制定聲明內容，明確地回應這些指控，陳述反對意見及詳細解釋。同時協會也可以要求第三方的支持者聲援，並減少社群媒體影音內容分享。

然而加拿大癌症協會的反應是什麼？他們提供了一般新聞稿和一些推文，內容說明「對我們來說，舉辦各種籌款活動唯一的目的就是消除癌症和提高生活品質，也在此前提下成立緊急基金以達成使命。」說明內並沒有針對廣播內容做出太多回應，反而讓大家跟摸不著頭緒，亂上加亂。

緊急時刻警告#3：錯誤

在2014年世界棒球錦標賽中，雪佛蘭隊的經理瑞克．懷德（Rikk Wilde）大出洋相，他要頒發一台新型車作為獎品給這年美國職棒大聯盟MVP投手麥迪森．邦加納（Madison Bumgarner）。他當著電視直播現場把鑰匙遞給邦加納時，還「不專業」形容該車：「嗯，你知道的，這輛卡車是得獎車，而且技術領先，上面有很多東西，你知道的，嗯……有很多技術，有很多技術跟東西。」這一長串的發言言不及義，既沒有恭喜選手，也沒有好好介紹該車，這對觀眾和雪佛蘭車商來說都是最痛苦的一段吧。

緊急時刻的關鍵行為

殭屍在面對緊急時刻時，往往無法做出適當的反應，它們的反應多半遲緩、過於僵化，一如前述Yahoo和加拿大癌症協會的例子。雖然日後YAHOO後來已經軟化了自己的立場，遠距辦公在一定程度上也贏得了勝利，但我們知道緊急時刻需要人性化的反應才能避免損害聲譽。一旦當我們留意到緊急時刻發生時，可以試著採取以下步驟。

Chevy Trucks
@ChevyTrucks
Follow
Truck yeah the 2015 #ChevyColorado has awesome #TechnologyAndStuff! You know you want a truck: s.chevy.com/51e
RETWEETS
1,486
LIKES
1,455
10:29 PM - 29 Oct 2014

拉高層級。如果某些事情可能對組織產生嚴重後果，核心領導階層（而非中階主管）這時必需要出面應對，憑藉企業既有的身份定位及聲譽來做出重大決策。

檢查事實。不淡化事態的嚴重性，或提供不正確訊息。試著慢下來，做些研究並藉此獲得事實，同時也聆聽其他人的看法，發掘真相。

澄清立場。討論核心價值和當下情況的關係為何。在組織面臨緊急時刻時，先觀察、感受和判斷，分析之後再做出反應。請記住，制式新聞稿可能無法發揮作用，而應以專案的方式，明確處理，才能澄清自身立場。

三思而後行

在2015年，南卡羅來納州一所黑人教堂發生隨機性的種族大屠殺，造成9人死亡，主嫌是狄倫．魯夫（Dylann Roof），此一事件重新引發南方種族主義象徵的戰鬥旗是否該公開懸掛於南卡羅來納州的相關辯論。包含亞馬遜（Amazon）、沃爾瑪（Walmart）和希爾斯（Sears）等大型企業火速停止銷售繪有國旗的商品。沃爾瑪發言人布萊恩．尼克（Brian Nick）表示：「我們從來不想讓販售的商品冒犯任何人。」

殭屍多半見到影子就開槍，而人類會更深思熟慮。這些公司便體認到緊急時刻，並根據自己的核心價值作出決策，這就是我們所說的「採取深思熟慮的行動」。

行銷和銷售專家安德魯．寇巴斯（Andrew Corbus）和比爾．戈汀（Bill Guertin）表示：「為了能夠深思熟慮的行事，每個人都必須了解並相信組織的首要業務目標，而且此一訊息必須持續且一致地傳達給所有關係人。這些一開始做起來可能會不習慣，但一旦習慣形成後，即可逐步、反覆進行深思熟慮訓練，執行組織希望傳遞的訊息與行動。」

採取正確行動需要步步為營，言談與行動無須倉促行事。然而，我們不可能總是有時間來思考周詳，這時就需要好好運用洞察力了。

雪佛蘭案例是靈活運用洞察力的好例子。當雪佛蘭隊經理在電視上吹噓雪佛蘭卡車有多「先進與一流」時，雪佛蘭社群媒體經理傑米・巴伯（Jamie Barbour）也正在看新聞，她意識到這是一個緊急時刻。大約一個小時後，她選擇在推特上公開承認這是個笨拙的行為。

雪佛蘭的 #TechnologyAndStuff 推文便讓人會心一笑，也獲得近 3000 次轉發和收藏。從宣傳角度來看，這個失言風波反倒成了雪佛蘭的勝利。根據美國雪佛蘭行銷總監保羅・愛德華茲（Paul Edwards）的說法，在事件發生之後的幾天中，雪佛蘭 Colorado 網站的瀏覽率暴增七倍，選擇擁抱這個尷尬時刻的明智選擇為雪佛蘭賺進市值約 500 萬美元的免費媒體曝光機會，並且讓雪佛蘭這家公司看來像人類組織，而非殭屍。

若擁有一個像雪佛蘭那樣的「準備行動」團隊，計劃中的小插曲就不一定會導致脫軌。雪佛蘭公司找到了快速解決方案，主因在於它能專注於既有的身份定位，身份定位讓我們得以擁有洞察力，而靈活性則在需要修改路徑時發揮畫龍點睛之效。

遠離恐懼，走向正軌

部分研究認為，某種程度的焦慮或恐懼可以讓表現更好。作者茱莉（Julie）的父親是一名退休大學教授，他總是在公開演說時忠告學生，擁抱恐懼，讓恐懼成為工作中的助力，而不是試圖擺脫它。不過生活若存在太多的恐懼，卻可能帶來不少負面結果：

無法集中。警察或軍官花了很多時間學習如何面對壓力，其中也包含如何與恐懼共處。恐懼讓人無法集中心神，也破壞了人們的推論能力。我們不確定殭屍是否經歷過恐懼，但它們肯定無法好好地集中精神。

說謊。殭屍從一開始就無法好好溝通，所以我們不確定它們能否完整編出謊話，即使完整，它們也一定會以自私和欺瞞的方式來欺騙！而人類最害怕受謊言所欺瞞。

擔憂。擔憂容易錯失機會，處於恐懼的人經常關切他們無法掌控的小事或情況，他們可能擔心別人如何看待他們，這點讓他們很崩潰。或者他們讓犯錯的恐懼徹底打敗，所以無法作出決定。

自我毀滅。恐懼的人會做出自我毀滅的選擇，說謊也許是選項之一，但還可能更多，比方操縱、折磨和佔有，這些可怕的選項都無助於與他人建立健康的關係。

納什維爾樂隊在老烏鴉醫學展覽會（Old Crow Medicine Show）上演唱「我們都在一起」，這首歌的歌詞中描述信仰與恐懼。那麼，我們如何知道自己的溝通是走向信仰還是恐懼之地呢？

通常，忠於真實，根據實際狀況作出決定時便會看到信仰。小馬丁·路德·金恩（Martin Luther King, Jr.）將信仰描述成「即使沒有看到樓梯，也要跨出第一步。信仰是一種生活方式，但埋藏於心底深處的感受。」

所以，即便我們無法得知事情可能如何解決，也要儘量集中精神，停止擔心，等待結果。最重要的是說實話，正式事實，而不是說謊。沒有理由說謊或粉飾太平，而誠實使自己和眾人相信，並產生信念，信念一如信仰，會引導我們走向正軌。

以誠信作為回應

然而，忠於信念和信仰，也必須要考量到靈活性，有時以信念處理困難決策的公司，可能會使情況變得複雜，我們來看以下的例子。

2009年，YouTube上有一則影片，內容是兩位達美樂披薩（Domino’s Pizza）員工刻意污染食物。從一個笑話演變成公司危機，這則影片有病毒，讓客戶感到震驚。達美樂火速定位身份並解雇了兩名員工，然後開始修復公司受損的聲譽。即使有些批評認為達美樂的反應太慢了，乃因專家認為有效的危機處理必須在24小時之內，但是達美樂做得十分正確，這個處理方式值得我們借鏡。

該公司是果斷的。達美樂壓根沒有為任何人找藉口，而是根據簡單的事實立即做出合理的決定，它火速定位身份並解雇了兩名員工。如果這時換作是我們，問問自己，現在該做什麼？如果能做出微小卻正確的行動，那麼就知道自己所遵循的是信仰而非恐懼。

信任達美樂。達美樂在此事件中操作較大規模的社群媒體計劃，但該公司仍希望以自己的方式運作，而非迫於當時的壓力。所以，儘管達美樂對於社群媒體並不十分熟稔，但他們的領導人卻秉持著信念全力一搏。此舉讓達美樂變得積極在推特及 YouTube 平台上露臉，並使該公司以一種過去未曾使用的溝通方式來回應客戶及媒體意見，這絕對具有風險，但因秉持著信念，最後卻帶來奇蹟！

達美樂領導者直接解決問題。達美樂美國總裁派屈克．道爾（Patrick Doyle）直接親自在 YouTube 及公司官網上發佈道歉影音，領導者直接面對群眾，代表了企業對事件的重視。民眾其實只要一個真誠的回應，而且是立刻！達美樂選擇向信仰靠攏，因此群眾會聆聽並尊重道爾、信任公司，並且會將訊息傳遞給其他人。而這個策略也確實奏效了！

戰略性選擇溝通管道。新聞稿是當時普遍使用的溝通工具，而 YouTube 影音平台則較少人會選擇。過去沒有人以這種方式處理過公關危機。但達美樂公關副總提姆．麥克因崔（Tim McIntyre）表示，當時的想法是想「關注與我們互動的群眾」。該公司相信，解鈴還須繫鈴人，問題始於 YouTube 影音，解決之道也要回到 YouTube。這可以給我們了一個啟示：如果人們透過社群媒體談論我們的業務或組織，那我們絕對需要成為此一對話模式的一部份。了解各種社群媒體管道是必要的，任何組織都該像達美樂一樣快速學習使用各種溝通管道。

感謝所有出力的人。道爾感謝「線上社群」迅速提醒公司，此舉讓公司得以「立即採取行動」。達美樂仍有支持者的信任，根據這份信任回應並主動要求協助，讓情況獲得控制。

習慣與壓力共舞

第二章中提到了如何做出回應，一但面臨到種種事件，特別是緊急的情況，我們都不免感受到壓力。但我們想在此重申，壓力其實更能激發出靈活性。想想是否有人曾經對自己大吼大叫過？吼叫在生物學上會立即觸發兩種反應：戰鬥面對或飛行逃離。因此往往我們可能腦海只有兩個選項：回吼。或者一走了之。但我們要來學習第三種選項：周全回應。

對某件事情的周全回應，是需要停下來思考一番的，若欠缺思考（情緒主導或是根本如殭屍直接按慣例回覆），往往只能逞一時之快，就變成「反擊」了。

臨床和健康心理學家馬雅・麥克尼利（Maya McNeilly）博士表示：「欠缺思考的反應或麻木的回覆，無法使我們遠離痛苦、傷害或草率行事。周全的回應讓我們我們不會變得像殭屍一般，對過往的經驗麻木不仁，或與全世界的人分道揚鑣。事實上，我們的經驗及與他人的連結有助強化我們的反應能力，使其更臻嫻熟，道理很簡單，因為我們具有智慧、觀察力與同理心。」

那人們該如何管理壓力呢？研究人員提到兩個重點：同理心及開放心態。

實踐方式意旨我們如何回應的方式，保有注意力和清晰的思維，能讓人有意識地選擇自己所熟悉的反應。如果我們能意識到事件是如何刺激自己，觸碰到自己哪條敏感的神經，我們也會推己及人，試圖對對方的狀態感同身受，更會產生同理心，甚至變得仁慈。仁慈的人是靈活的，因為他們真的想要採取行動以減輕痛苦。同理心關乎謙卑與人性，非人的殭屍便是毫無同理心的人，我們可以檢視自己的回應，是否也有包含同理心的特點：

- 具有真正想要助人的慾望。
- 具有聽取群眾需求的能力。
- 願意以群眾想要的方式幫助他們。

殭屍診療室：如何培養開放心態

所謂的開放態度，是指「願意去傾聽和思考義於自己的觀念和思考」。

此一特徵通常與我們的自我相牴觸，自我通常告訴我們，我們的觀點是「正確的」。不過開放態度並不意味著我們必須喜歡或接受所有觀點，而是願意重新思考自己的信念和假設。而靈活性，往往便是開放態度的結果。我們可以採取以下行動，來培養開放心態：

1　傾聽或閱讀自己通常「避之唯恐不及」的東西。接受新的經驗，抱持著從中可以學到新東西的想法。即便不喜歡這段經歷，也可能從中發現某個有趣的觀點或難能可貴的真理。這樣我們會明白那些對別人重要的東西，即使它們不會撼動自己的世界。

2 練習腦袋中客觀而正確的話語。這對於在工作和家庭中提供意見者的人尤其有用。有了這些簡單的話語，便可以顯示自己願意試圖理解某人的觀點而不會持反對意見。同時這種能力有助我們思考其他想法，也會分散緊張情緒，有助持續保持開放態度。

3 提醒自己，與時並進。人們在學習和發展的過程中，經常會改變自己的觀點和想法。最自信的人也會經常重新思考和解讀顯然不合時宜的想法。雖然核心價值多半已經定型，但如何以最好的方式實踐組織願景，這些方法可能隨著組織內部人員和外部世界的改變而變化。

堅定立場

雖然靈活性意味著對他人友善，但並不意味著必須取悅每一個人。在重要問題上我們依然必須堅持立場，因此我們勢必會得罪一些人，但最愛我們的那些人仍會喝采！

2015年6月26日，最高法院宣佈同性婚姻合法化，那天下午為止，就有超過一百八十萬的推特用戶以 #lovewins 作為推文標籤。許多大企業，包含Google、Uber、汰漬（Tide）和捷藍航空（Jet Blue），都加入對話。而這些大品牌都做了什麼？簡單，他們只是在最高法院公佈此一內容後的數個小時之內推文，和跨性別（LGBTQ）社群一塊慶祝此事。這些公司之所以願意加入此事，是因為他們的身份定位與此事件無違和。比方，Visa國際組織的贊助推特就以「愛（Love）無所不在」為標語，獲得超過4,500個讚及貼文轉發。

有些公司在自家的視覺設計上使用象徵同志族群的彩虹主題，以突顯自己的身份定位。例如，有機超市Whole Foods就分享了一張彩虹水果照；彩虹糖（Skittles）則利用彩色糖果在已被大眾接受的「品味彩虹」標語上拼出「愛」。

許多公司意識到調整宣傳訊息以響應當下事件可以產生的效果。

例如，可口可樂公司（Coca-Cola）在2015年7月通過不再使用中東地區銷售商品的傳統品牌標籤，因為該公司意識到偏見所帶來的痛苦。在齋戒月期間，可口可樂罐頭的一邊是空白的（可口可樂的銀色漩渦標誌則保留），提醒人們不要相互判斷，另一邊則寫了「標籤是貼在瓶子上，而人不是瓶子」。

我們十分樂於見到企業找到創造性的方式以支持他們相信的事情。即便有時有風險，但這些狀況其實也突顯企業為何會做出這些決策，以支持與自己身份定位相符的各類事件。

當政客變成殭屍

我們當然不是政治權威，但是，當荒謬的殭屍政客出現，我們還是可以認出它們。而且我們認為美國的政治制度也正在與它們一塊爬行，整個政黨制度可能因為這麼多的殭屍而分崩離析！我們首先來看看共和黨人。（民主黨別慌張，我們等等也會提到你。）

2013 年蓋洛普民調顯示，有五分之一的人表示共和黨「殭屍化」或「不願意妥協」。許多被調查者都在談論自己所支持的黨，然而近年來共和黨對於黨的身份定位有較變更，看看茶黨（the Tea Party）如何把共和黨綁架，又或者可以提到米特・羅尼（Mitt Romney）他在重大問題上的倒戈與負面聲望，導致 2012 年大選的慘敗，再再都顯示共和黨的殭屍化跡象。

很快跳到 2015 年，共和黨定位殭化的現象，不可避免的產生多種聲音，這時便有十幾個不同候選人爭取成為總統候選人。於是「大共和黨的反動」和「唐納・川普（Donald Trump）是否會毀了共和黨？」等標題也成為報刊雜誌頭條，觀看共和黨電視首場辯論會的收視人數，也破了有史以來的紀錄。

共和黨內的錯誤溝通和多年僵化，在 2016 年 5 月 3 日帶來令許多人感到震驚的結果——政治素人、房產大亨和電視明星唐納・川普竟然成為共和黨提名的美國總統候選人，川普的勝出完全不在預期之內，許多人認為這根本是共和黨的殭屍啟示錄。

5月4日，華盛頓郵報（Washington Post）記者凱倫．圖姆提（Karen Tumulty）和羅伯特．科斯塔（Robert Costa）寫道：「川普拆掉了共和黨的每根支柱，這是共和黨過去半世紀以來，史無前例的身份危機。」

同月，美國大學（American University）的國會和大選研究中心（Center for Congressional and Presidential Studies）主任詹姆斯．瑟柏博士（Dr. James Thurber）聊到此事，他便指出：「隨時間推移，所有黨派都或多或少會靈活微調或改變身份定位。他認為，共和黨曾展現出適應能力，它已經能夠協調分歧，並整合大共和黨領袖們的意見。然而，從川普受歡迎的程度看來，共和黨是完全地分崩離析，共和黨人也不再受控制。」瑟柏博士亦表示：「共和黨有身份定位的危機，而且認知失調，這意味著他們正在尋找自己的核心價值，這是他們必然得面對的一場內部革命。」

隨著時間推移，殭化將導致全面危機。已知的是，共和黨提名人無法反映過去該黨的身份認同，也沒有人肯定黨的未來身份，以往受景仰的領導者拒絕接受黨的提名（有些人甚至沒有參加全國共和黨大會）。這次大選期間，共和黨看來就像行屍走肉。

於是，全國民調單位和媒體都震驚於川普贏得大選，也許是因為他政治素人及反對權威「法律與秩序」的候選人形象獲得多數民眾的共鳴，使他得以橫掃各選舉陣營和傳統民主黨地盤。不過在大選過後，共和黨仍處於分裂的情況，倘若共和黨更具策略性、靈活性和自我反省能力，那麼這種致命的身份不確定性當可以避免。

我們都不希望自己身份定位不明，而陷入戲劇性事件中。一個成功的組織會持續不斷地留意自己的身份定位，靈活地做出適當的調整，但在核心和原則上會保持一致性，並且領先競爭對手。

擁抱小變革

企業人類學家安德里亞．西蒙博士（Dr. Andrea Simon）表示，不少有力的科學推論證實人類會拒絕改變。最生物學的理解是，當出現不熟悉的想法時，我們的「前額葉皮層」就必須加倍努力工作。

殭屍的大腦受損，導致它們無法擁抱改變。彼得．賓克霍夫（Peter C. Brinckerhoff）著有《任務導向行銷：在越來越有競爭力的世界中如何定位非營利》（Mission-Based Marketing: Positioning Your Not-for-Profit in an Increasingly Competitive World），書中提到非營利部門的操作與靈活性有關。雖然他建議組織要擁抱變革（這是不可避免的），但他也說明了「貧窮的優雅」這個觀念，意即非營利組織不能改變這麼多，讓自己缺乏資源，否則會招致批評。標誌、網站或新的花俏辦公空間？評論家會說這太多了。沒有做軟體更新、架設官網或缺少雅緻的辦公空間？捐贈者和董事會成員會說這與時代脫節。那麼，該如何找到平衡？我們認為此事攸關升級。

一如科技，我們的觀念、溝通、乃至目標也需要升級。如果我們無法掌握下一個發明或最新技術時，可能會感到微微的恐慌，甚至覺得麻煩。記得第3章中所提到的好奇紙尿褲（Huggies）案例？新的尿布資訊需要把新時代的爸爸們也納入考量。這並非是對公司身份的徹底改革，也不是一種流行宣傳伎倆，而是有些事實需要納入考量並且改變。

但升級需要刻意的改變，以便讓現有產品更上層樓，並保持靈活性。以下的微調建議，是一些可以幫助升級的想法：

- 確保網站是方便使用的，特別是在行動裝置上。
- 更新視覺訊息，使用新的訊息圖表。想想如何使用標示、符號和圖表之類的視覺標誌分享訊息。
- 建構與身份定位一致的新社群媒體內容，並以新的想法或點子吸引群眾。
- 改變新聞發佈方式，使用目標群眾喜歡的媒體管道，並嘗試舒適圈以外的東西。
- 使用風格指南以保持溝通一致性與凝聚力。（詳見上一章）

- 聘請專業攝影師設計組織及成員形象。
- 與目標群眾交談，以獲得重要的反饋和意見。
- 訓練員工，確保訊息流動，並鼓勵有力的合作。

記住，確保種種調整符合身份，並要有意識地去執行，升級以微調方式獲得更好的結果，去到更好的未來，動起來吧。

不要冥頑不靈

殭屍是僵化又不靈活的，我們可以以「STIFF評估」，幫助釐清自己是否過於故步自封，拒絕改變。拿出一張紙，檢視我們的STIFF縮寫。

針對每個項目，給自己一個從0到10的評分。0分表示處於人類領域，而10分意味已然殭屍化。坦白面對，我們才能繼續變得更好，在完成排名後，試著寫出為什麼給自己這樣的評分。

S：我有多頑固（stubborn）？

可以問問自己是否有以下的狀況：自己有沒有任何溝通想法擱置下來是因為認為「永遠不會這麼做」或「那麼做永遠行不通」？是否會對何事說「永不」？是否曾堅持一定要以某種方式完成某事嗎？

T：我有多累（tired）？

有沒有任何訊息讓自己感到「超載」？是否認為自己一直在說同樣的事情？自己的目標群眾也有同樣的感覺嗎？什麼樣的溝通任務讓自己覺得正身陷泥淖但卻得勉強去做？

I：我有多令人討厭（icky）？

「icky」這個字眼意味著胃裡好像堵著令人不安的東西，換作中文的詞彙則類似「悶」。當我們說了一些傷害某人感情的話，或者表達內容過於刺耳，就會有這樣的感覺。最近做了哪些溝通決策讓自己感覺很「icky」？何種溝通方式不適合，或自己覺得有點不誠實？目標群眾對自己感到失望了嗎？

F：我是否在逃避（floundering）？

當需要回答或處理有關公司的問題時，是否有些地方不夠盡力？什麼訊息需要說得更清楚？是否試圖阻撓需要被解決的批評？在哪方面感到不自信？

F：我有多健忘（forgotten）？

自己的溝通是否缺少什麼？什麼是該說而沒有說的？是否忽略了對自己有利的創意？現在的盲點是什麼？

加總每一項自己打的分數。如果評分加起來有25分以上，那麼在靈活性方面，幾乎等同於一枚殭屍，需要快速調整了！但請記住，人類到殭屍之間是有距離的，我們可能在某方面病了，但在其他方面卻沒病。仔細看看STIFF評估內容，並問問自己，今天可以開始調整哪些部份？

與時並進

如果曾經投資股票或債券，便會知道需要定期檢查投資組合以掌握獲利表現是一件極為重要的事。衡量投資表現很容易，因為它們可以量化：每檔股票、債券、共同基金或其他投資都是數字。可以輕鬆看出成長或衰退，並以此尋找導致這些變化的原因。

所有的投資顧問必定會建議定期檢查投資內容，如果現正處於虧損狀態，可能就需要做些改變。即使當下的獲利表現十分不錯，最好還是要持續關注眼下發生了什麼事，以重新平衡或調整投資組合。如果想要獲得最好的結果，相信人人都不會忽略季報跟種種的評估假設。

同樣的道理也適用於溝通和行銷，現正在溝通的訊息，會被百分百接收、接受並獲得正面的結果，我們所創造的溝通內容就像投資組合，一樣需要評估投報率。

比方說，我們是否知道民眾瀏覽官網時有什麼想法？這時聰明的企業主往往在架設官網時，會先測試首頁內容。2004年，莎拉・貝肯（Sara Bacon）創辦了Command C，該公司的營業項目包含電子商務網站設計與開發。過去12年中，該公司與知名品牌及小型新創公司合作。最近，該公司網站需要更新，所以貝肯和她的團隊開發了新的設計和訊息模版，訊息如以下所示。

> **賣得更多，壓力更少**
>
> 我們專業的研發內容與策略資料庫，可以有效改善您的數位交易平台效益！
>
> Command C是一家世界知名經銷商，提供符合需求的專業服務，讓您的多元專案與目標得以完美運作。

從設計轉變到開發之前，貝肯的團隊想知道人們是否能夠快速了解他們所提供的內容，她便在usabilityhub.com上招募了50名測試用戶，測試方式很簡單：參與者觀看Command C的首頁五秒鐘，然後回答簡單的問題，例如：「該公司提供何種服務或產品？」

結果，參與者似乎只能了解與該公司合作的潛在好處：幫助銷售更多的產品，並減少壓力，但不知道公司到底葫蘆裡賣的是什麼藥。貝肯說：「人們以為我們是某種行銷機構，但我們不是。我們的核心觀念在於，我們是一個擁有高技術的開發公司，這個測試讓我們了解，我們使用的語言太廣泛了。」

如此例子，便是透過研究來了解人們需要多久時間，以了解網站內容，資訊混亂可能讓訪客感到沮喪，而離開網頁或減少造訪網頁的次數。了解

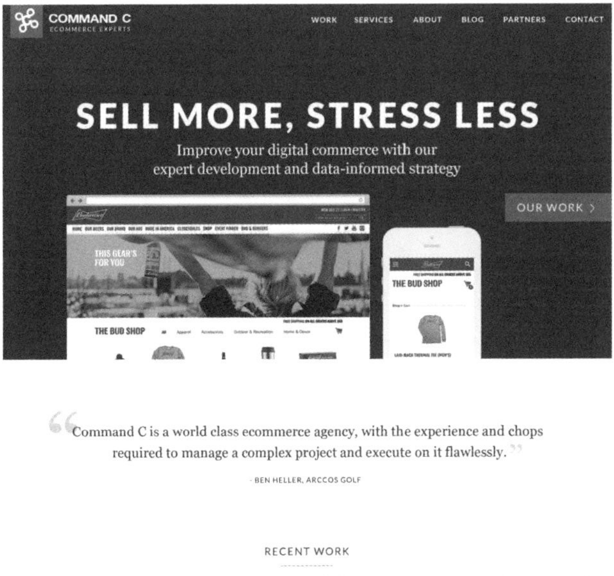

到這一點，Command C努力澄清首頁上的訊息。他們將「銷售更多，壓力更少」這句話移往主視覺下方，主標僅說明公司的主要產品：電子商務開發和優化。這樣的測試結果，讓Command C受惠於用戶的誠實反饋，不再讓人誤以為是行銷機構，反而讓Command C強化優勢，減少誤區。

電子商務開發和優化

協助 貴企業賣得更多，壓力更少

Command C是一家世界知名經銷商，提供符合電子商務需求的專業技術，讓您的多元專案與目標得以完美運作。

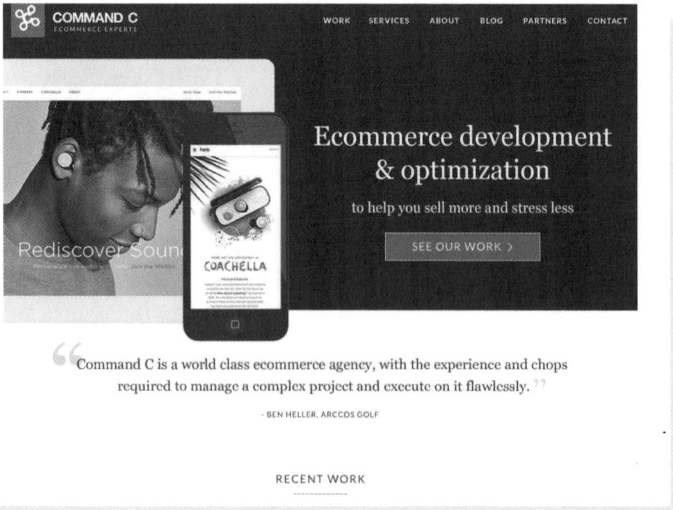

反覆測試

Command C遵循的原則就是我們所說的重複循環，創造一個訊息，並使用真人進行測試，然後根據結果進行調整，創新的公司即遵循此一模式。

一如人類，Command C這樣的公司是靈活的，因為它們與他人互動並據此改善狀況。殭屍則是僵硬的，毫無顧忌地向前邁進，也不會考慮別人的狀況，這是致命的。

無論是設計網站還是啟動新的行銷活動，建議都要反覆測試並保持開放態度，根據需要進行變動。看看什麼是有效的，並反覆執行可能沒有做對的部份。反覆測試通常遵循以下四個步驟：創建、分類、測試與調整。

保持靈活性並反覆測試有助我們適應目標群眾，也有助於接受新的機會。

殭屍補救策略：如何激發客戶和同事的靈活性

偶爾遇到僵化的客戶（或大型組織的內部團體），即使對特定目標和受眾沒有任何意義，他們也會陷入固定的窠臼中。或許他們相信社群媒體「沒作用」或影音行銷是「必須做的」。這些信念可能來自於領導者、企業文化或慣例。這時改變可能很難，並容易出現像這樣的內容：

- 「我們不能停發新聞通訊，因為人們真的會很難過！」
- 「每個人都喜歡影音，所以我們必須做影音內容。」
- 「我們就是無法做到，我們毫無計劃。」

這裡有幾種方法，可以試著讓僵硬的人多出一點彈性：

1 找出可以影響他們的點。

如果我們想接觸父母族群，那麼涉及兒童的情感訴求可能是有說服力的；如果是一個學術類型組織，那麼可以從他們可能會重視的研究來源獲得事實和數據。找出他們所重視的部分，並以此為底來影響他們。

2 顯示數據。

數位溝通可以追踪成效，Google 的網站分析（Google Analytics）可以指出溝通之路，無論有效或無效。我們也可以利用訪談、調查以了解「為什麼」，做出分析。推出結果。總之，讓數據說話。

3 一次一小步。

小心駛得萬年船。客戶是否願意嘗試新想法很難確定，我們可以設計不花太多時間與金錢的小小實驗，讓顧客測試，並且誠心感謝，可以更有效的獲得調整的資訊。

4 **提供軼事或證據。**

讓客戶知道其他採取類似風險組織的成功案例。想想客戶欣賞的公司，或是競爭企業，如果他們的網站明顯具有優越性，公司高層可能會明白為什麼需要網站升級。

跳躍的狐猴

為了抓住機會，我們可能需要快速改變焦點並加強溝通。

杜克狐猴中心（Duke Lemur Center）的可愛動物狐猴是跳躍專家，那些支持牠們的溝通專家也是。

所有這一切都開始於領導力培訓課程，當時，狐猴中心營運總監桂格·戴（Greg Dye）坐在杜克大學（Duke University）行銷與傳播執行董事丹妮絲·哈威蘭（Denise Haviland）的旁邊。

哈威蘭道：「我在杜克工作了十一年，從來沒有去過狐猴中心。為什麼？」。

哈威蘭又問道：「接下來的六個月您有什麼事情要做嗎？」

戴便表示希望能在杜克社群建立更堅實的關係，因此分享了新的3D IMAX電影「狐猴島：馬達加斯加（Island of Lemurs: Madagascar）」這個訊息。該電影的劇本是由摩根・費里曼（Morgan Freeman）所撰寫，並從狐猴中心拍攝了兩分鐘的狐猴影片。

從哈威蘭的角度來看，這是一個讓狐猴中心接觸更多觀眾、增加參與度和獲得媒體關注的絕佳機會。她與戴和他的團隊雄心勃勃地計畫了一個與即將播映的電影相關的溝通策略，該策略從打造「狐猴周」，到協調當地拾荒者的策略。應有盡有。

儘管該計畫目前並未納入年度計劃中，甚至也不在杜克狐猴中心任何人的工作項目內，這個靈活的團隊仍重新確定目標，並努力使計畫溝通成為首要任務。

哈威蘭說：「這些努力花了工作人員很多時間，但是非常值得。」由於每個人的靈活性和努力工作，狐猴中心以一個地方性活動卻得以吸引全國民眾注意，後來狐猴週獲得前所未有的曝光：不僅當地媒體露出，《華爾街日報》（Wall Street Journal）和《印第安納波利斯之星》（Indianapolis Star）等全國性媒體也爭相報導。

而這些媒體曝光帶來了關注，在短短的幾年裡，狐猴中心的社群媒體粉絲從 200 人增加到了 20,000 人。「狐猴計劃」的收入大幅成長，而狐猴中心的整體到訪率也有所提升。粉絲們在禮品店購買更多禮品，杜克大學的學生現在也可以在校園書店找到狐猴用品。多年之後，當時計劃的努力仍然為中心帶來效益，無論是有形還是無形。

以下是我們從狐猴中心學到的一些經驗。

1　找到具有巨大潛力的小機會。

我們現在可以做些什麼？已經做的事情可以持續連接到其事件或努力嗎？尋求來自外部人士的新觀點，他們可能會看到無法立即（或沒時間）辨識到的機會。

2　尋找戰略夥伴。

狐猴中心與許多大學社群、校友和主要捐贈者建立了強有力的連結，並致力溝通來尋求雙方都能獲益的伙伴關係。在此情況下，杜克大學和狐猴中心都成為全國媒體關注的焦點。

3　每個螺絲釘都很重要。

其實某個關鍵的狐猴中心工作人員並沒有相關的公關背景，然而，她和哈維蘭一起投入計畫，並敦促自己在工作中學習最佳的溝通戰術。她在「狐猴週」中發揮了重要作用，並且繼續為狐猴中心帶來收益。

一如狐猴中心的勇敢和靈活的，在充滿挑戰的時代，可以像派克和奧迪斯一般在火災發生後進行調整嗎？或者是否能轉念犯錯狀況，好好道歉，讓公司的真誠更被看見呢？相信有更多的組織需要伸展自己，並使用身份定位來表達個性。在下個章節中，將討論如何展現創意以吸引正面關注。

殭屍診療室——檢查「彈性」

您有多靈活？

- 公司是否重視良好的傾聽並持開放態度？
- 是否願意成長和改變，但不會過度反應當前的趨勢？
- 在面對危機時刻，是否能以核心價值為基礎，採取有意義的行動？
- 是否可以幫助別人探索可能性，而不是被恐懼所綑綁？
- 如果溝通計畫不是太僵化，能否辨識並創造出和期望相符的新機會？

Part

05

原創是最好的方向

Charging

在波特蘭一個炎熱午後，茱莉對面坐著的是一位外表乾淨爽朗的男子。他的名字是布萊恩．基德（Brian Kidd），而他絕對不是殭屍。

基德說：「我正在學風笛，而我最近在垃圾桶裡發現了一台獨輪車。」他接著告訴茱莉自己在波特蘭的海灘上經歷了什麼樣的挑戰（我們假設這裡是一個可以安全學吹風笛和騎獨輪車的地方），然後說：「我可以同時做這兩件事。」他以一種令人驚訝的平靜及謙和的姿態，來陳述這個真實故事。

2007年，因為他想有所改變，在毫無事前規劃下辭掉工作，打包行李，搬到波特蘭。他把獨輪車和演奏風笛融合，在海灘表演。當地的沙灘玩家們十分喜歡基德，很快地，基德意識到，在這海岸邊表演賺錢，收入比他在當地水族館的一份全職工作還要高。

基德後來為自己找到定位：風笛「獨」奏者：為波特蘭當地居民及遊客演奏風笛，

同時騎著獨輪車周遊城市風光。大家都知道，表演時他會變換造型，模仿《星際大戰》裡的達斯．維達（Darth Vader）或山姆大叔（Uncle Sam），有時還會表演風笛吹火神技。

基德的演出事業越做越大，現在他也常出現在一些受歡迎的電視節目上。粉絲們喜歡聽這位風笛「獨」奏者說故事，表演結束後，他常參加當地私人聚會及活動，他也販售大量風笛獨奏者周邊商品，如T恤、貼紙、海報和明信片。

何謂原創性？

顯然，基德是一位相當有創意的企業家。但是，「創意」和「原創」是不一樣的，雖然二者都與發明或創造有關。梅里亞姆－韋伯斯特公司（Merriam-Webster）的韋氏字典有個重要的註解：原創性是一種「新的、好的、不同以往且具吸引力的事物」。這個定義與我們看待身份定位的立場是一致的，因為獨一無二的價值觀才能吸引其他人。

因此，基德解釋：「我創造了以前不存在的東西，難以描述，所以需要一個名字和身份定位。」基德很清楚他要的不只是「這個人做這件事」，而是要更明確的身分定位。

當一個創意想法看來不像我們真正想說或想做的任何事物，那麼它們顯然並不真實，也不人性化。基德的故事是個很好的例子，說明新想法與核心價值的關聯性，以及它們如何幫助我們成功。

「我所做的一切都是因為我想這麼做。後來我發現，那些我想做的事情也是人們想要的。」基德說。

因此，時常有人做了一些有創意的事情，但因為它不是「自身真實的一部份」，所以往往都不會有好的結果，也不會吸引人。

基德成功的另一個重要因素是，他符合波特蘭市的身份定位。波特蘭旅遊網站上便有一段文字如此描述：「獨立性、創造力、不隨俗……或其他任何形容詞，造就神奇的波特蘭魅力。」而基德的風笛和獨輪車的結合，便印證了這城市的「神奇」。

基德是有創意的人，而創意再加上自己的身分定位認同，便就成就了所謂的「原創性」。即使我們無法像基德一般創造超級具有原創性的商品或服務，我們依舊可以從自身的身分定位來擷取元素，讓自己可以在溝通方面保有原創性。

原創性如何應用於溝通

原創性溝通是從既有的身份和願景中創造而來，因此要讓一切獨一無二的最重要的因素還是在自己本身！任何所產製的內容，無論出現在網站、宣傳手冊、廣告招牌或任何地方，都不該被誤認為代表其他人。

出版了暢銷書《內容行銷規劃》的作者，同時也是MarketingProfs的首席內容營運長安．韓德利（Ann Handley），提供了可以運用於網站上的溝通理念測試：「試著遮住網站標識，這時您的企業聽起來仍然與眾不同又獨特嗎？或者，與其他企業並無二致？

甚至包括您的競爭對手？如果標籤不見了，人們是否仍知道這是您的企業？」

在億創理財網（E-Trade Financial）上，它會把受歡迎的電子商務的交易項目另外放在「寶貝電商」的精選特區裡面，瀏覽者可以從這些精選交易的廣告裡辨識出該商品出自於億創理財網！而在福來雞（Chick-fil-A）的廣告看版上，也從來不會有人把「叛逃的母牛」誤認為其他商家！這兩家公司都具有明顯的獨特性，民眾很容易識別。

原創性溝通是特別的，無論是在風格上還是內容上的獨特架構。億創是「寶貝」在交易股票，福來機的「母牛」則試圖說服我們吃更多炸雞，似乎聽起來都有點不正常。伊隆大學（Elon University）職業發展主任蘿絲．韋德（Ross Wade）在接受採訪時表示：「真正的原創性溝通有助於增加產品在行銷以外的價值，也許它令人發笑，也許從中可以學到新東西。」意即億創（E-trade）和福來雞（Chick-fil-A）是以娛樂和幽默的方式來提升企業價值。

因此，原創性符合三個要旨：1獨一無二。2做不尋常的事。3對群眾來說有價值。

億創（E-trade）和福來雞（Chick-fil-A）兩家公司都達到以上三個標準。他們的促銷活動非常成功，多年來贏得無數廣告獎項和客戶（事實上，叛逃母牛已經努力經營了20多年）。所以，無論組織是大型企業還是小型非營利組織，都可以創造原創性。本章中的案例中將會展現原創性的可能，原創性或許與風笛「獨」奏者的概念雷同，或者跟使用表情符號一樣簡單。

人類組織有一項優於殭屍的優勢：人類是獨一無二的，夠古靈精怪的。我們當然都不一樣，可若組織是由不同人類組成，為什麼這麼多組織似乎都用相似的方式溝通？

社會心理學研究表示，這種原因源自於社會影響，是種為了避免被拒絕，減少「不被認同」的策略。「不被認同」這件事甚至可以觸發大腦中顯示危險的電路，所以我們往往害怕做些特立獨行之事。一旦特立獨行，有些人可能會喜歡，而其他人可能會討厭

（顯然，風笛「獨」奏者沒有這個問題！）。因此，在我們的職涯中，需要克服這樣的恐懼，讓公司與其他競爭者有所區別，以便成功進行溝通。

思考原創性

首要採取行動是進行競爭分析，或研究其他組織如何在業務及關注力方面的做法。沒有人想要使用與競爭對手相同的顏色，也不希望使用幾乎相同的文字、訊息或其他內容。

對於線上業務分析，瑪莉莎可以評估5到12個競爭網站，審視主頁結構、導覽、標語、顏色、文字、圖像、影音、幻燈片、特色、功能性、社群媒體互動等等。當瑪莉莎提出競爭分析結果時，她通常會聽到客戶說：「我們應該這樣做；我們應該做某組織正在做的事情。」但這是非常可怕的反應，也必然成為殭屍企業！如果只是複製優勢，將無法落實上述的測試：如果從網站移除標識或內容，人們會不會誤認您為競爭對手？因此，我們該拒絕因為恐懼所導致的從眾行為，組織應該以原創性的身份認同為己任，也對自己的獨特感到欣喜。

那究竟如何讓我們顯得的獨特呢？例如，假設我們是一名律師，要怎麼區隔街上的其他律師而顯得獨一無二？是否會提供特別的服務或經驗？訊息是否針對特定群眾發送？如果我們是非營利組織，那溝通素材是否反映了與其他組織的差異性？人們為什麼要捐錢給我們而不是另一個值得捐助的單位？有沒有一種管道可以接觸目標群眾，但其他同業尚未使用？

這些問句都是競爭力的具體分析，要試著尋找機會做別人沒有做過的事，或者看看是否有可能比前人做得更好。重要的是，勇敢的溝通吧，起初可能不適應，但如果我們無法做出區隔，我們即便沒有殭化也會如其他殭屍一般憔悴。

製造一個「混亂先生」

無論住在哪裡，做什麼，我們都要展示自己的原創精神！如果所處的行業看來都很無聊或傳統，代表其實有更大的機會脫穎而出（乘其他人還像個殭屍般生活時）。或許我們的產品或服務不特別令人興奮，但透過溝通可以成事。讓我們思考一個讓人好感度偏低的產業及產品：保險。

保險業的代表形象，如「積極女孩」（Progressive's Flo）和「吉可壁虎」（Geico's gecko）都是為了強化企業溝通，而創造出來的訊息，有了前立。保險業龍頭好事達保險（Allstate）則創立了壞事形象：「混亂先生」（Mr.Mayhem）。

2010年，知名的「混亂先生」迪恩．溫特斯（Dean Winters）告訴我們，生活中常見的偶發狀況有哪些。比方他化身閣樓上的浣熊、路上的野鹿、故障的GPS系統，具有破壞性的冰雹和其他可能承保的危險狀況。這些廣告是令人驚訝和誇張的，他所帶來的混亂包含亂七八糟的衣服，他也經常對各類爆炸事件和其他混亂幸災樂禍（像一個真正的小人）。在每支商業廣告結束時，他建議，「有了好事達保險保險，您可以像我一樣受到保護。」

「混亂先生」非常受歡迎，在臉書上的粉絲超過180萬，有超過9萬個推特擁護者。當他貼文時，總是吸引數百甚至數千人轉載他的文章，而他的推文多半是對當前事件，如惡劣天氣、假期和運動賽事所做出的回應。2016年2月25日，「騷亂先生」發文提醒粉絲們，寒冷道路上的拯救措施可能引發問題：「我是路鹽，可以將雪融化，也可以溶掉車上的漆，功能超多的！」

「混亂先生」的系列廣告共贏得80餘個獎項，連保險業的廣告都可以激發人類，相信律師、會計師、醫師和其他人也能以原創方式進行溝通。我們不需要非贏得廣告獎或擁有全球知名度，只要讓目標群眾認識到自己，並對這些的溝通方式有興趣便達成我們要的目的了。

也許有人會想，我可沒錢聘請什麼大廣告公司來創造一個類似「混亂先生」的角色，或規劃一系列行銷策略。別擔心，原創性與錢或執行力無關，只與想法有關。本章中將會討論到的一些簡單想法，讓我們獲得更多的媒體關注、新客戶或理想合作夥伴。

倒一桶冰水

2014年夏天，美國和世界各地的許多人都在頭上倒一桶冰水，但並不是因為他們覺得熱。

這個活動吸引超過1700萬人上傳自己的影音到 #IceBucketChallenge，為漸凍人籌募資金而努力，以對抗漸凍人症（肌萎縮性側索硬化症）。參與者將自己倒冰桶在頭上的影音上傳到臉書之後，點名其他人在24小時內接棒，或者可以捐款給漸凍人協會，籌款活動影音有超過4.4億人觀看，超過100億人點閱。

馬克．祖克柏（Mark Zuckerberg）、比爾．蓋茨（Bill Gates）、歐普拉（Oprah）、傑夫．貝佐斯（Jeff Bezos）和女神卡卡（Lady Gaga）等名人也互相挑戰。勞拉．布希（Laura Bush）潑濕了喬治．布希（George W. Bush），而後喬治．布希向比爾．柯林頓（Bill Clinton）下戰帖，歐巴馬總統（President Obama）也受到許多人挑戰。（但他拒絕了，以一張支票實際落實捐款。）

於是漸凍人協會在2014年8月底之前收到超過1億美元的捐款，而去年同期當月捐款總額只有280萬美元。弔詭的是，漸凍人協會並沒有發起這個活動。反之，當協會領導人在7月底注意到無法解釋的捐款數字持續增加，也才意識到這件事有多轟動。

是誰想出這個有趣又具感染力的想法？不是廣告代理商或行銷大師，也不是一群精明的非營利事業募款人。最初的發起挑戰的人難以追溯，但我們知道它是一位老年人開始的，最初用意是只是發起一個好玩的活動，來支持慈善機構罷了。不過，這個挑戰卻意外的轉發到兩位美國東北部的漸凍人青年手上，兩位青年接受挑戰，自然地，冰水與漸凍人協會便起了連結，於是這個活動便開始轟動全球。

從#IceBucketChallenge這個活動中，我們可以觀察到諸多特點，分析並借鏡它如何成為轟動全球的事件。

首先，活動的參與者是真正的人。這個挑戰讓一般民眾、名人偶像、嚴肅的政治家或是受人尊敬的商界領袖顯現真性情的一面，沒有人會因為一桶冰水而產生嚴重問題。未經潤飾的真實影像展現人性中傻氣卻柔軟的一面。

除了大熱天進行球賽的球員們，很少人有機會在頭上倒一桶冰水。因此這個點子是不尋常，但卻也可以被接受，因為任何人都可以做到，且充滿趣味性。

倒冰水的影音不僅提高了大眾對漸凍人的關注與募款金額，許多人因為看到別人被冰水澆頭而樂開懷，特別是自己最喜愛的名人。這些影音不但具有很大的娛樂價值，甚至連帶給了漸凍人協會「個性」！

2016年7月，#IceBucketChallenge在社群媒體上再度展開攻勢。這次，人們共同慶祝一項#IceBucketChallenge捐贈資助的大型研究遺傳發現。集結11個國家的科學團隊確定了一種導致疾病的基因，此一發現打開了潛在治療之門，對深受漸凍症折磨的患者來說是福音。

想回自己，我們也可以等待有人無心創作出利於自己的活動，使得公司業績一夕爆紅。或者，我們也可以把事情掌握在自己手中，用原創的、吸引人的想法，來為自己創造更多的優勢。

長頸鹿度假去

麗思卡爾頓（Ritz-Carlton）飯店每個月會在13個聯網中發出1,100則貼文，平均每個月瀏覽人數為550萬。但是，因為一位小男孩忘記將心愛的長頸鹿玩偶「喬希（Joshie）」帶走，竟引發了一個深具創造力和有趣的事件。

麗思卡爾頓的防損小組，幽默拍下喬許的照片，並透過社群媒體發出「喬希」的度假訊息，其中包括喬希駕駛高爾夫球車的照片及在游泳池邊休息等內容。當「喬希」本體終於回到家時，男孩家裡已經有一個詳細記錄它各處旅遊細節的資料檔案。

麗茲卡爾頓全球公關副總裁艾莉森·希克（Allison Sitch）表示：「員工的參與至

關重要。我們每天都會重新激勵員工，希望他們做出有意義的事情，以此表示我們的關切。」希克告訴我們，每組輪班人員上工前總會更新狀態，主管們也會提醒他們連鎖飯店的願景為何，因此員工能夠遵守麗茲卡爾頓的身分定位，內容包含驅動客戶服務的信條和企業的核心價值：「為顧客創造獨特、難忘的個人體驗」。

喬希事件是由防損小組開始，但這部分通常不在策略傳播點子之前發動，由此可知道，麗茲卡爾頓開放態度，允許員工在組織中執行自己的獨特想法以及工作自主。這些創意的自發性行為是有趣的，可以增加企業的親和力、人際互動或價值感。不要因為忙碌而忽略了樂趣，這將對組織健康有益，甚至可以吸引群眾，並帶來具有創意的想法。

選擇適合自己的創意

說到趣味，有人會特別派員工坐上60年代的迷你巴士巡迴嗎？這聽起來好像只有瘋狂的新創公司這樣做吧？但事實上，這是奧勒岡州一家百年酪農合作社 Tillamook 的創意。

根據研究，Tillamook 酪農合作社認為，讓農場成功的關鍵應該是讓人們知道起司嘗起來風味都不同，這會比只是口頭上告訴他們效果要好。

為了接觸新客戶及拓展市場，Tillamook 在多個城市舉辦了「樂福之旅」（Love Loaf Tour），並派出裝有產品樣品的可愛小巴。Tillamook 將巴士命名為「遊手好閒之輩」（這與大塊的起司同名），並在一年的時間裡周遊八個州，獲得數以百計的媒體報導。

Tillamook 在一年內透過650次的活動接觸到55萬名消費者，並將市占率提高了5％。這場旅程繼續往下走，並增加了優格和冰淇淋迷你小巴。如果被視作傳統產業的酪農可以採用如此有趣又不尋常的行銷方式，我們也必然可以。而且更棒的是，拜現代網路發達所賜，我們可以用更簡單易達的方式來為消費者製造驚喜。

「表情符號」或者「訊息貼圖」便是個選擇！我們只要想辦法讓消費者使用表情符號即可。

世界自然基金會（World Wide Fund for Nature）意識到字母表中有17個字母代表瀕危物種後，決定在2015年5月發起 #EngangeredEmoji 活動，並吸引全球民眾注意。

這是世界自然基金會第一次在推特上舉辦募款活動，也是第一次為組織舉辦表情符號募款活動。在推特上的追隨者被請求註冊後轉載所有17種瀕危動物符號，然後計算每人在一個月內使用瀕危動物符號的次數，並將其轉換為建議捐款金額。使用次數越多，基金會建議追隨者的捐款的金額就越高。

兩個月活動期間，世界自然基金會引起超過55萬個關注，高達5萬9千個註冊者參與募款活動，

即便一年過後，#EnggeeredEmoji 活動效果仍然強大。

儘管世界自然基金會處理了嚴重的全球環境問題，卻也因此發現輕鬆又具原創性的溝通方式，而 Tillamook 則是透過親臨現場的迷你小巴推廣起司，創造有趣的經驗。從這兩個具有原創性的例子中我們學到：具備身份定位和謹慎之心，我們大可聰明冒險，為群眾帶來意想不到的愉快體驗。也許，所有人都需要放鬆一點。

是人都要有幽默感

成人動畫《南方四賤客》（South Park）曾榮獲兩次艾美獎殊榮，其編劇與執行製作荷馬．里維諾亞（Herma Rivinoja）表示，幽默始終是她與其他人連接的主要途徑。她在接受採訪時向我們解釋，殭屍沒有樂趣和幽默感可言，就算從樓梯上滾下來，它也不會笑、沒有吃驚的表情或任何情緒化的反應。

幽默包含了：情感與歡笑。兩者創造了與大眾溝通的連結，因此有效使用幽默元素的公司對我們來說似乎更為人性化。好比「積極女孩」、「騷亂先生」和「吉可壁虎」讓保險變得可信賴，同時具有娛樂效果，沒有人會想到一隻會說話的壁虎，能讓車禍喪生這件事看來有趣又愉快。

而幽默對年輕群眾來說，效果特別好。年輕人少把事情看得嚴肅，他們會期待幽默的事件發生。對他們來說，如果某個人事物幽默又機智，看來會更酷更有趣。而他們所追逐的大眾影音、行動通訊、互動式應用程式和社群媒體的普及化，都意味著數位人口的指尖上常有機會與幽默連結。

試著為年輕人帶來他們意想不到的劇碼或荒謬時刻，好比《南方四賤客》2001年的其中一集《史考特・特諾曼必死》（Scott Tenorman Must Die）（2001），描述八年級生史考特・特諾曼嘲笑小學生艾瑞克・卡特曼（Eric Cartman）購買陰毛的故事。劇情隨後演變成復仇追擊，農場主人多次行兇，情節還牽扯到辣椒烹飪比賽。種種噴飯荒謬的情節吸引無數眼球，就可以知道幽默感多具有號召力！

我們可以透過里維諾亞（Rivinoja）以下的提點，來學習幽默感：

1　真人真事最好笑。

不需要刻意做些有趣的事，其實生活中簡單的個人故事最能帶來有趣的號召力。好比曾有次你的老媽將感恩節火雞放進了垃圾箱，卻只洗一下就上桌的故事？每個人其實都有這樣的事件，荒謬到不真實，但卻是千真萬確且令人噴飯！

但要注意的是，別只是為了製造樂趣而舉辦創意活動，要問問自己：我們可以說些什麼樣的獨特故事？如果我們正在為下個假期活動腦力激盪，那麼也許可以出賣一下老媽的感恩節趣事。人類的互動時時會有幽默感，因此我們可以從真實事件中找到最棒的情節，而不是完全靠想像說故事。

2　幽默是主觀的。

幽默沒有標準答案，不同的群眾和文化團體對有趣這件事有不同的解讀。某些愚蠢的幽默能讓人發笑，但也可能引起其他人的反感。比方說，我們的父母可能不會重視《南方四賤客》中的卡特曼、肯尼、斯坦和凱爾說了什麼，但是我們會。這一點可以讓我們回到研究上，釐清溝通的客體是誰很是重要。

里維諾亞（Rivinoja）告訴我們如何在溝通中發揮幽默技巧。

3 製造干擾、創造驚喜。

讓我們感到幽默感的人事物，很大一部份是具有「驚喜」感，換言之就是違背預期（但不能冒犯他人）。我們可以置入一些可能會引起相反情緒的東西來製造干擾。比方說，看恐怖片的觀眾自然期待驚嚇降臨，但是當幽默情事發生在一個可怕場景中，會引發更多笑聲，好比許久以前受歡迎的《驚聲尖笑》系列。當我們必須在短時間內抓住注意力或被迫發佈無聊訊息時，這種意外驚喜的效果特別好。

4 尋找幽默細節。

概括的描述並不有趣也無法引人入勝，而且顯得過於平淡；相反的，細節越具體，就越吸引人。好比老媽當天穿著不太合身的老格子睡衣在烹調火雞，這類的細節描述會讓我們在聽故事時，覺得更生動。

5 回憶往事。

觀察一些熱門的推文，會發現他們通常能喚起一些懷舊之感，連結到大眾的過往經驗。因此，諸如這樣的經驗：在20世紀90年代末期提醒某人留意使用手機的時間（因為通話費還很貴）；又或者曾將手機插入汽車點菸器充電；或是騎著有輔助輪的腳踏車。如果希望群眾有所回應，就要讓他們也一起回憶自己的過往經歷。

里維諾亞的建議有助強化我們對幽默的理解，包括觀察有趣的事物、閱讀有趣的東西，或者只是花時間和有趣的人一起玩樂。我們可以透過觀察人的行為和相互作用，讓生活變得更為謹慎。的建議不包含對幽默擔憂。一如里維諾亞說的：「不要花太多時間弄明白某件事情是否有趣。簡單的觀察指標是：什麼事情讓你發笑，它就是有趣的。如果思考太多，並試圖分析『為什麼』幽默，會很累人。只要相信您的直覺，如果某件事引發了笑聲，哪怕只是微笑，都是有趣的。」

幽默增加價值

《南方四賤客》播出時間超過20季，同時獲獎無數，對觀眾來說，它顯然是有價值的。而後，《南方四賤客》也推出專屬信封，討論宗教、政治、家庭生活等社會軼聞。粗俗的語言和荒謬的互動令人震驚但也取悅了大眾，對於那些想要逃避或找樂子的觀眾來說是有價值的。

只需要改變生活的某部分，就能有效增加他人的生活價值。以下是我們對「價值」概念的了解：

1　價值有許多形式。

組織可以透過多種方式為群眾貢獻其價值，例如幫他們節省時間或金錢，提供訊息或娛樂，或者提供新的體驗及連接。

2　訊息接收者確定價值。

我們需要了解群眾在意的是什麼，否則可能會浪費時間和金錢，比方拍攝沒人看的影音、製作沒人看的建言或舉辦沒人感興趣的網路研討會。

3　同樣的溝通方式可以創造不同價值。

許多民眾可以從同一則訊息中獲得不同的好處。例如，戰後嬰兒潮世代及年輕人都可能在他們年少時重視有關健身技巧的文章，但理由各異。某一群人欣賞這篇文章是因為有助於保持健康，而另一群人則認為它提供了必要的資訊。

因此在發展溝通策略和戰術時，請花一點時間問問自己這些問題：

- 目標群眾的價值觀是什麼？
- 是否有數據可以支持我們的論點？
- 溝通內容是否能為目標群眾的生活帶來些許價值？
- 有辦法測試出我們的想法是正確的嗎？

這些答案將改善固有的溝通方式，使其真正具有原創性及價值。

不可思議的組合

2010 年，被稱之為「心臟病學家最深的夢魘」的 Krispy Kreme 甜甜圈出現在美國各地的博覽會上。CNN 報導，北卡羅萊納州出現一種只要花 6 美元就可以買到，熱量超過 1,000 卡路里的餐點，內容包含兩個甜甜圈、兩片培根、一片起司和一塊漢堡肉餅，Krispy Kreme 推出的甜甜圈漢堡風靡全美。那些不樂見此事的人只能驚訝地看著這獨特卻不健康的創意成品。

創造新的組合是增加價值的主要方式，不需要從頭開始做起，卻能創造出很好的效果。不僅民眾欣賞他們，這種組合也同時吸引了媒體關注。記得 2006 年 Nike 與 iPod 推出一首由女神卡卡（Lady Gaga）和艾爾頓・強（Elton John）演唱的歌曲嗎？像這類的組合就是令人興奮而珍貴的。

而在溝通方面，具有啟發性的溝通組合也很多，以下是一些例子：

1 傳統電視新聞與新社群媒體結合。

從 2007 年起，全美乃至於地方電視新聞台的螢幕底下都出現了小藍鳥。當新聞單位接受網路推特平台的訊息時，螢幕上的主持人便開始與觀眾直接互動。

2 深度報導內容也上了網站。

非營利新聞編輯部 ProPublica 與 Yelp（眾所周知的評論平台）結合，以強化 Yelp 資訊內容，提供更深入的療養院和有關醫療設施的資訊。ProPublica 提供的數據遠超出客戶期望，那些經常使用該網站來尋找醫療保健選項的人更了解超過 25,000 個醫療設施內容，例如用戶可以看到該設施是否曾經因為任何已知的缺陷遭到罰款。Yelp 則提供 ProPublica 客戶數據與評論資訊做為交換，例如，如果有患者提供詳細資訊，ProPublica 可能以患者故事作為調查報導來源。

3 健康飲品公司對非營利水資源組織的幫助。

沖泡式維他命飲料品牌 Emergen-C 與慈善機構合作推動「40 磅挑戰賽」，以宣示兩者的新夥伴關係，此舉也為了提高衣索比亞清潔及安全用水。為了突顯婦女和女孩們的負擔，該組表示，只要女性上傳任何負重約 40 磅物件的照片，Emergen-C 便會捐贈 5 美元資助衣索比亞的用水。

這些組合看起來都八竿子打不著，但我們千萬不要閃避那些看來與自己不同的人。想要獨一無二，就必需持開放態度，爭取非典型組合。原創性的人類組織會接受新想法，創造出更經典的更有意義的事物。

放棄懶惰思維

人都很容易陷入舊式思維：「這件事一直都是這樣做的」、「那個想法永遠沒有用」或「我們必須這麼做」。那些就是我們所說的「懶惰思維」。殭屍沒有太多真實的想法，但如果它們這樣做，我們也能確定它們的想法是「懶惰思維」！「懶惰思維」往往具有下列詞彙：

- 總是
- 永遠
- 絕不
- 不得不
- 應該
- 必須

我們可能多少會在會議中聽到這樣的話：「這是個好主意，但是因為……，所以它不會奏效。」這樣的話語是令人沮喪的，並且可能扼殺創造任何新想法的能力。簡單的解決方法是，在早期創意發想時不使用「但是」這個負面的轉折語，而是以更多的支持言論取代，好比「這是一個好主意，我們還需要讓目標群眾認為這個主意對他們有用。」

尋找獨輪車

作者曾和客戶合作時，發現這個用來發想新業務想法或溝通計劃的方式。對於試圖釐清哪些想法看來最獨特的經營者或企業來說，這個方式效果十分良好，而對於正在試圖定位自己，或確定優先選項的小型企業主或溝通專家來說也同樣奏效。

一如風笛「獨」奏者基德在大型垃圾車裡找到了他的獨輪車，我們的活動目的在幫助找到那台屬於自己的「獨輪車」：一種可能激勵或改變業務、溝通戰略的新思維。如果自己的想法過去都沒有成功過，這個方式也以有助提高想法的可行性可能被修正。在一張紙或電子表格中畫出六個欄位：

想法（Idea）：在第一欄中，描述正嘗試或曾經嘗試過的商業或溝通想法，它可能是針對某個特定專案的修正內容、打算為客戶提供的新服務，或者是一個全新的廣告活動。

Idea	A	IP	C	IT	ROI

誠實（**Authenticity**）：這個想法是否和核心價值一致，0代表與核心價值不一致，10代表與身份目標相同。

執行（**Implementation**）：將此想法執行的可能性是多少？0代表無法實現，10代表可以實現而且相當成功。如果已經實現了這個想法的一部份，或者成功地實現了這個想法，嘗試在0到10之間給它個分數。

信心（**Confidence**）：評估對此想法的信心度，0代表沒自信，10代表非常有信心。信心與許多事情有關，包含成功執行此一想法的信心，或者此一想法需要相關配套。對此想法的整體信心有多少？

興趣（**Interest**）：評估自己對此想法的感興趣度，0代表沒興趣，10代表最感興趣。

投資報酬率（Return on Investment）：是如何看待此一想法的潛在投資報酬。這個類別中，0代表虧損或損益兩平。它也可能代表與自己或公司員工有關的利潤、回收，也可能代表「支出」，10代表高利潤和個人的高度投入。

雖然最後五列只是要求填寫分數，但也最好寫下紀錄，以便記住分數背後代表的原因。

「尋找獨輪車」整理歸納各種想法，是找出新可能性的一種方法，是一種讓信心、興趣與投資報酬率獲得高分的傻瓜型策略。我們也可能注意到某些實施的想法可以再多花些心思，或者會對那些公司認為有用的想法有更深的了解。假設公司對創建一個新的社群媒體帳號不感興趣，但它對我們來說卻是舉手之勞，且輕鬆就能獲得更多利益，這件事就可能值得花時間處理！同時「尋找獨輪車」也可以作為一種記錄新、舊思維的方式，方便回顧與瀏覽，見證我們思維上的變化過程。

殭屍診療室：碰到障礙時怎麼辦？

有時候難免會覺得自己像殭屍一般無法產生原創想法。一旦覺得似乎哪邊卡卡沒有勁時，以下方式應該會有用。

1 找個新的工作地點。

某家廣告公司的工作環境，乍看像是一個小農場，可以看到各種不同的空間，包含休息區和酒櫃。當我們陷入困境時，請嘗試在其他地方工作，例如當地的咖啡館、朋友家，甚至找個不同樓層的會議室亦可。是的，有時答案只是樓上或樓下的分別。

2 跳脫既有框架。

作者瑪莉莎曾在一家體育行銷公司工作，這家公司會要求員工們每週要做一件平常不會做的事。於是瑪莉莎，就執行了去聽歌劇，或將回收垃圾做成藝術品之類的事情。但這個練習讓她脫離習慣，產生新的想法、感受。所以，下次當我們被困住了，試著去參加一個不尋常的活動吧，或者加入一個通常避之唯恐不及的活動。

3　和別人聊聊。

班・萊斯林（Ben Riseling）是位網絡程式開發公司的專案經理，他認為，原創性可能源自於其他人：「我真的沒辦法只是坐在辦公室裡，就能想出任何亮眼的想法。於是我樂於和人聊聊，因為通常這些點子會出現在與某人的對話裡，或後續的效應中。」

鼓勵原創

Google於2004年首次公開募股時分享了「20%時間」的管理理念。共同創辦人謝爾蓋・布林（Sergey Brin）和賴瑞・佩吉（Larry Page）寫道：「除了常規事項外，我們鼓勵員工花20%的時間思考他們認為對Google最有利的事，這樣的做法使他們更具創意和創新精神。」

實際上，真正熱心投入的 Google 員工可能只花 5-10%的時間發想新產品和新想法。而 Google News 和 Adsense 等產品原型都是源自於「20%時間」理念出現的，而其他成功的企業如3M、領英社交網站（LinkedIn）和臉書（Facebook）等也都有自己的「20%時間」管理理念。對任何組織來說，即便只利用少量時間進行探索和實驗，結果都是有價值的。

Google 人事管理資深副總裁貝斯洛．布拉克（Laszlo Block）在其著作《工作信條：Google 內部觀察將改變你的生活及領導》（Work Rules!:Insights From Inside Google That Will Transform How You Live and Lead）中寫道：「這一切都奠基於相信人們的良善本質，並且待員工一如老闆，而非工作機器。機器只要做好它們的工作，但老闆則會盡可能在可掌握的風險內想辦法讓公司和團隊成功。」

由此，被授權的員工更有可能想出行銷新亮點、在社群媒體上開展豐富的冒險之旅，或者能夠發現另一種聰明方式以吸引新的群眾。這類個人化任務可以讓工作變得更有意義。

抓住新點子

突破性想法任何時刻都可能發生！事實上，茱莉最好的教學點子或新創意多半是在上課前十分鐘想到的。但是，有時想法不會很快出現，或者會覺得每天都要在工作中產出新想法讓自己很疲累。特別在運作快速或人力不足的組織中，想要找到額外時間是非常困難的，首先我們要做的就是，「清空自己」，平靜自己的思緒，以準備好可以容納偉大想法的空間。以下五種方式可以助我們一臂之力：

1 邀請局外人加入。

許多人在漫長的工作生涯中和只能和同一群同事交談。但在組織外的人們可能來自互補行業或看似無關的領域，往往能給予不同的想法和衝擊。持開放態度向任何人學習，或者我們可以邀請組織外的人們來個「午餐學習會議」，與員工同事們交談，說不定完美點子就此誕生！

2　與消費者、客戶或支持者交談。

瑪莉莎從她的使用者經驗研究中了解到，人們如何改進產品或服務，同時也發現如何解決行銷和客戶服務問題。好比她最近就訪問了環境研究人員，以了解他們如何使用線上資料庫，後來從中發現 50% 受訪者非常重視電子郵件。這些額外訊息有助資料庫建立者決定行銷商品策略。我們可試著每周一次 20 分鐘來訪談客戶們，相信可以獲得超乎想像多的見解和想法。

3　請求協助。

我們有時也可以把工作發包出去！Airbnb 是一家提供線上訂房的網站，它在 2014 年於 Instagram 上舉辦了一場聰明影音比賽，主旨在美國民眾拍攝關於自己居住城市的 15 秒影音，內容要能吸引遊客參訪。這個活動十分聰明，既能吸收 Airbnb 粉絲們的創意點子，還能吸引遊客造訪城市！這個行銷活動提供了全美各地城市風光，也反映了 Airbnb 的身份定位，又推動了新的探險地點及旅遊選項。但 Airbnb 做了什麼？就是把這個活動的主體內容發包給群眾們。

4 跨領域合作。

試著與少有互動的人員聯絡，好比讓開發人員和業務人員互相認識。如果沒有正式的連接管道，只需定期接觸以往沒有互動的人，喝杯咖啡，聊聊彼此的工作內容、討論工作中面臨的挑戰，或者可以一起來個腦力激盪。如果本身是獨資老闆，也可以參加以前沒有接觸過的活動，並和一些不同領域的人來往。人們通常喜歡談論和自己有關的經驗或想法，只要持著開放的態度，一定會有所斬獲。

5 給自己一個五分鐘冥想時間。

給自己五分鐘時間，來釋放自己的心靈。這個5分鐘可以發生在一天中的任何時間，甚至一天多次都可以，而且幾乎在任何地方都能完成。為了讓原創想法浮出水面，建議可以關掉電腦及閉上雙眼，讓思緒沉澱下來。

百萬美元的紙袋

史萊哲林（Slytherin）、葛萊芬多（Gryffindor）、雷文克勞（Ravenclaw）及赫夫帕

夫（Hufflepuff）。如果我們是《哈利波特》的讀者，或者是同名電影的粉絲，這些學院名稱一定都瞭然於心。不過創作《哈利波特》的作者，J. K. 羅琳，其實最早是在 Barf Bag 紙袋背面草草寫下霍格華茲魔法學校的四所學院名稱。

J. K. 羅琳在接受亞馬遜英國公司（Amazon UK）採訪時說倒：「當我想到這些奇怪的劇情時，手邊剛好沒帶筆記本。」而突如其來的原創想法，便讓她從一位領取社會福利金度日的單親媽媽躍升為千萬富翁，為了不要錯過腦袋中可能價值百萬美元的點子，建議隨身攜帶筆記本和筆，以便隨時記錄下任何想法。也或許可以在辦公室或家裡弄個點子牆及便利貼，以便記下每個偉大的點子。隨處可見的提醒物有助保持思想暢通，而便利貼方便挪動也方便分類。而人手皆有的智慧型手機，也都可以錄製語音留言或使用記事本功能。儘可能在第一時間寫下想法，以免他們被遺忘，而且要三不五時回頭檢視過去的想法。

當這些點子出現時，儘量不要編輯或計畫它們，這些都可以稍晚再做。甚至有時，一個普通的想法可能是偉大想法的前身，所以只要寫下腦袋中的任何東西即可，即便條列式紀錄或畫個草圖都很棒，只要能記錄下內容，無須拘泥形式。

與失敗共處

想像一下：你是一名七歲孩童，正要加入生平第一個棒球隊。當在球季開始時穿著亮眼（也許有點寬鬆）的新制服準備揮棒，雙眼緊盯著對面的投手。按照經驗判斷，這一球看來機會不錯，你全身肌肉賁張，準備使出全身的力量揮棒。砰。棒子擊中球的聲音就在耳邊。你高興地看著球飛越投手頭頂及外野手頭頂，然後落在牆上。這是一擊全壘打，所以你熱切地奔回本壘，迎來隊友們和教練的歡呼。

然後你醒了，還想起昨天的賽事，實際上是被三振出局的。嗯，歡迎回到現實世界。

無論是想打擊快速球、設計創意網站，還是發起令人難忘的廣告活動，通常我們的第一次嘗試都不會成功。揮出的不會是全壘打，可能只是一壘安打或二壘安打，或者揮棒落空！是的，這是真的：我們可能會失敗。最初的嘗試通常都不太可能是完美的。

身為一名華盛頓特區的生活教練與溝通培訓師，瑪莉・帕克（Mali Parke）幫助人們克服完美主義，找到正確的道路。她與家長、學校和其他組織共同合作，協助成千上萬的人從錯誤中學習，進而轉向更有意義的溝通及合作。

她將以下這個沒人知道的首字母縮寫——FAIL 納入課堂和研討會中：

first（首次）attempt（嘗試）in（於）learning（學習）

為什麼這樣的首字母縮寫值得重視，以下是帕克的說明：

這個字組有意義，乃在於我們多半受童年時期「錯誤」和「失敗」等負面意涵的影響。當我們將F.A.I.L.納入生活中的學習過程時，就可以每天嘗試恢復自己的能力和創造力！

以自我鼓勵的方式過生活，而非以責怪或恥辱為由拒絕自己，這樣的方式能讓我們專注於剛學會的東西，並思考下一步該怎麼走，從而讓目標更為可行。

我們可以試著與失敗為友！失敗的想法會讓自己感到畏縮嗎？我們是否急於追求盡善盡美呢？是否能想像自己在眾人面前徹底失敗的情況呢？

知名品牌和設計公司創意總監多明尼克．里拉（Domenick Rella）認為，我們不僅不必害怕失敗，還應該主動尋找它。

里拉說：「創意要有失敗的準備，才能嘗試新事物。一個成功且獨特的組織應該具有完成不在預期內事物的成熟心態，而不是害怕失敗。不要擔心失敗，這是家常便飯。」真正的人類組織也會犯錯、也會溝通失敗，這是可以必然的。但人與殭屍的區別在於面對這些錯誤時，會做出不同的反應，人類會從錯誤中成長，但魯莽的殭屍組織既不承認錯誤也不會從錯誤中學習，它們隨時隨地都能留下爛攤子。面對失敗有助您改變方向，獲致成功，甚至有時失敗會產生原創性。

嘗試有各種可能

漢堡王（Burger King）買下《紐約時報》（New York Times）和《芝加哥論壇報》（Chicago Tribune）的全版廣告，在上頭建議為了紀念2015年9月21日——聯合國的國際和平日，漢堡王和麥當勞應該停止他們之間的漢堡戰爭。廣告上寫著：「我們帶來和平。事實上，我們帶來和平與榮耀，我們知道彼此之間已經有了小小的差異，所以何來所謂的『漢堡戰爭』呢？」

漢堡王建議，為了紀念這個特殊的日子，兩家競爭對手應該聯合推出混血漢堡「麥皇堡（McWhopper）」，並將銷售金額全數捐給那些改善全球教育的非營利組織。

但麥當勞的首席執行長，立刻以臉書貼文迅速打消漢堡王的「好主意」，並在這個沒有具體說明但「有意義的全球性合作」字眼旁畫上一線條，並寫下：「附註：下次可否先打個電話問問。」

這項作為讓身為溝通顧問的 Inc. 雜誌專欄作家賈斯汀・巴瑞索（Justin Bariso）在專欄上寫道：「麥當勞執行長的回應顯得如此自負、屈尊降貴，而且讓人感覺沒有智慧。漢堡王則因為對方的回應而顯得略勝一籌。」

而社群媒體對麥當勞的回應則是快速且強烈，超過 6,000 則評論批評麥當勞執行長的臉書貼文。評論多半如：「麥當勞在搞什麼鬼？你有機會提高漢堡王的挑戰賭金，卻讓自己看起來像個尖酸刻薄的老頑固？想像一下，如果你答應這個提議而且加碼演出，是不是會更酷一點？」

而後，提議遭拒的漢堡王決定在漢堡界創造「和平漢堡」，與另外四家較小的漢堡業者合作：丹尼斯早餐店（Denny's）、翡翠（Krystal）、偉巴客漢堡（Wayback Burgers）和吉拉佛斯（Giraffas），對於這次的合作機會，幾家漢堡業者都對社群媒體展現高度熱情。好比受歡迎的丹尼斯（Denny's）就開心宣佈：「我們加入這個活動！讓漢堡灑上肉末洋芋泥吧。」

用漢堡借鏡

漢堡王釋出善意，公開邀請麥當勞與之合作，即便麥當勞拒絕邀約，卻也讓漢堡王得到更多關注，獲得許多免費而正面的媒體報導。

特別是當麥當勞拒絕參加的情況下，漢堡王還繼續推出「和平漢堡」，似乎顯示該品牌真的想做一些不尋常的合作。有一則臉書貼文針對麥當勞執行長的臉書貼文做出回應，超過1,600人按讚，這些網民都表達了一個共同看法：「試試漢堡王的和平漢堡吧。」乃因麥當勞拒絕漢堡王的提議，間接顯示出該公司如殭屍般的冷漠。

拒絕其實並不致命，即便麥皇堡（McWhopper）這個點子沒有實現，漢堡王仍然讓人們談論自身的產品，也為國際和平日作出貢獻，同時讓自己看起來像一個有趣的原創性組織。反觀自己，我們的組織可能不像漢堡王那麼大，但我們都可以去做類似的事情。例如，如果我們新開幕了一間前衛髮廊，何不與當地的現代舞蹈團或戲劇公司合作，為表演者製作令人驚嘆的髮型而且拍下照片？試著尋找能夠吸引當地媒體的合作夥伴關係，而且此舉有助合作雙方獲得媒體曝光。

倘若現階段還沒有能力去做這樣的事情，又或者對方無法配合也沒關係，試著交換名片，或為彼此共享的客戶提供小折扣，這樣便擴展了合作網絡，讓更多人透過此事了解店內的業務，這就等於已經開展出未來潛在的合作夥伴關係。總之，試著向別人釋出善意，甚至伸出援手，即使是競爭對手也亦然，這麼做，將會開啟許多意想不到的原創機會！

殭屍診療室：面對拒絕

即便是一些很棒的點子，也可能會被拒絕！拒絕可能讓人難以承受，因此，當我們的原創想法被拒絕時，以下什麼「該做」和什麼「不該做」可以幫我們有效面對拒絕的情況，並從中獲得效益：

應該做的事：

1 **問問題**。儘可能去了解為什麼別人會拒絕這個想法，是因為恐懼還是因為擔憂？我們應該以開放式問題問自己：「對目標而言，這個點子有哪些有用與無用的地方？」這些問題所引導出反饋對未來極有幫助，將有助自己產生新的想法或修改想法，更臻完善。

2 **記錄想法**。也許現在不是這個想法實行的正確時間，但也許未來，人們會對它持開放態度，所以不論是小組討論或個人筆記，請務必記錄想法，好讓它不被遺忘。

3 **休息一下**。如果很難控制情緒，我們可以要求休息，暫停一下可以重新調整自己，然後再回正念的軌道上。

不該做的事：

1 **貶低拒絕想法的人**。即使被批評，也不要攻擊任何人（我們可以私下向朋友或伴侶傾訴），就像漢堡王一樣，接受拒絕，然後繼續前進。

2 **表達以後會感到後悔的情緒**。我們所做的一切都是為了工作，而生氣或哭鬧不會有幫助，還可能讓人感到不舒服。深吸一口氣，記得回應而不是反擊。

3 **覺得被拒絕是因為自己**。有各式各樣的原因可能導致點子被拒絕，決策者必須考量的因素有很多（預算、政治考量和其他），記住拒絕的是想法，而非我們這個「人」，越早體認並接受這點越好。

特立獨行

本章中的所有故事，從風笛「獨」奏者、混亂先生到酪農合作社 Tillamook，都是透過自己的身份定位創造獨特性。而在最後一個故事，讓我們回到故事的起點——波特蘭。這次，茱莉隔著吧檯與一位牧師交談，他不是在談論上帝，而是在講一個有關蘋果的故事。

十多年前，奈特·偉斯特（Nat West）是一位熱愛自然與園藝的兼職家庭主夫。原本他只對鄰居家的蘋果樹單純有興趣，但後來卻不小心創造出波特蘭境內最早推出的蘋果酒。

偉斯特很喜歡帶著女兒騎單車在鄰里間閒逛，而且儘可能收集摘得到的蘋果。不久之後，一些陌生人就陸續出現在偉斯特每週舉辦的開放式晚餐中，只是為了品嚐他在地下室釀造的蘋果酒。偉斯特回憶：「我太太就曾抱怨，我開口閉口都是蘋果酒，好像在宣揚福音，要讓每個人都信奉蘋果酒似的。」因為偉斯特是任命牧師，因此，「奈特牧師」這個名字對於推廣蘋果酒來說再自然不過。

直到2016年，偉斯特已經在五個州銷售獲獎的「奈特牧師蘋果酒」（Reverend Nat's Hard Cider），並在東北部的波特蘭境內開了一家酒吧。不但產品名稱引人注意，如復活（Revival）、哈利路亞（Hallelujah Hopricot）和解救金湯尼（Deliverance Ginger Tonic），連標籤設計與線上展銷，都環繞著宣道式的主題。

這樣的案例，恰恰可以歸結原創性的幾個特點，這些特點便讓「奈特牧師」特立獨行，成就獨一無二的事業。

1 做別人不能做的事。

偉斯特的願景是打造沒人做得出來的蘋果酒。他的決策過程是戰略性的，如果有人已經做了這件事，他壓根就不感興趣。如果有人已經開始做他正在做的事，他會願意快速轉念，並嘗試其他的方法！所以，當另一家蘋果酒廠商開始使用偉斯特所使用的百香果汁當原料時，偉斯特就換成椰子片和香草。

為了不斷尋找其他人沒有使用的原料，偉斯特總是對自己的產品抱著喜悅與期待之情，新的亮點也總是能吸引客戶。因此，當茱莉問到公司的身份定位時，偉斯特這麼說：

我們知道自己的身份定位，會根據內部規則做出決策，這些內部規則包含我們的人格、「奈特牧師」的角色定位，以及公司成立的目的。其中，「再造」就是我們的核心價值。我們的核心價值就是新、新、新和令人興奮！我們想做的事情太多了，但時間卻不夠。我們最大的競爭對手是我們自己，真的。

如果我們真的想具有原創性，確實一如偉斯特的說法：唯一的競爭對手就是自己！因此不要害怕嘗試不同的東西，也別害怕動腦筋在別人沒做過的事情上。

2　做愛做的事。

偉斯特的成功有一部份是他對收集新鮮蘋果的興趣，並且找到創意方法利用它們。他事業的成功，是透過與興趣相結合的有趣活動，和女兒一起在家中打造而成。他的福音式宣傳手法奠定成功的基礎，且願意嘗試任何新事物也成為他公司的身份定位，偉斯特欣喜的說：

回顧自己第一次釀蘋果酒時的心情，即使是現在，我也不在乎人們是否喜歡我的蘋果酒，因為我不是拿蘋果酒來取悅人們，而是為了自己的興趣。而如果有人喜歡我也喜歡的蘋果酒時，我會感到非常興奮與雀躍。這原本應該是一個更小型的生意，沒想到我的興趣獲得許多許多人的回響。

當我們真正做自己喜歡的事情時，我們也可以用自然的方式溝通。人們會被真實的愉悅所吸引，志同道合者便是如此聚集而來的。

3 放手。

偉斯特熱切地與茱莉談論有關原創蘋果酒釀造過程。偉斯特說：「就好像我們把這些果實和配料放在一起，然後走開一會，看看最後會發生什麼。」

正如我們在本章中所學到的，當停止嘗試去控制一切的時候，原創性就會出現。我們應該以這樣的方式看待新的溝通策略，所以不要為了製作病毒式影音內容而煩惱，而是說出一些有趣的故事，然後看看會發生什麼！

4　堅持目標。

當創意與我們的身份定位一致是最好的，一如偉斯特聲稱，蘋果酒純粹只是「讓蘋果發揮到極致」。當然，我們不會只想當一顆普通的蘋果。因此，試著去想想自己最終極的目的是什麼？能做到最好的程度到哪？花些時間重新評估自己的獨特性。最後會發現自己，到底是一顆蘋果，還是蘋果酒？

「奈特牧師」的故事提醒我們，要成為成功的人，需要實現最終極的目的，然後與其他人一起達成目的，是的，其他人，這些成就奈特成功故事的人，從最早每周舉辦的免費蘋果酒會起，就開始釀造色香味俱全的醉人滋味。

殭屍診療室——檢查「原創性」

您有多獨特？

- 是否願意冒險從人群中脫穎而出？
- 可以說出組織的獨特之處嗎？
- 溝通內容是否包含樂趣和幽默元素？
- 是否持開放態度思考新觀念，希望能為群眾帶來新價值？
- 是否可以接受失敗？

Part

06

付出帶來的效益

Charging

組織心理學教授亞當・格蘭特（Adam Grant）的暢銷書《施與受：如何助我們成功》寫道：「我們低估了付出者的成功。雖然我們常認為付出者像『傻瓜』或『爛好人』，但他們卻令人驚訝地成功了——也就是說，這些付出者顛覆了一般人先成功後付出的作法，而且以此方式獲得更好的結果。」

格蘭特做的職場研究，付出者與接受者做比較，具有更為不同的價值優先順序，例如付出者更可能關心「回應他人需求」（付出），而接受者則側重於「做得比別人更好」（獲得）。

自然，殭屍不是付出者，事實上，除了尋找食物和不惜一切代價利己之外，它們幾乎沒有任何企圖心。這類企業可能遭遇的最糟詛咒就是：它將使我們處於危急之中，而且永遠存在風險，就算可以針對書中提及的所有病症找到拯救措施，但若不擺脫根本問題，最終這個企業仍會變成殭屍。

研究顯示，人們在社群媒體中花費80%的時間談論自己，企業組織亦然。然而，群眾對企業組織的這類行為卻心生厭惡。好比2015年，一個受歡迎的社群媒體平台Hootsuite的推特追隨者，時常抱怨公司在社群媒體上「過分關注自己」。有些溝通專家和其他社群媒體使用者也表示，行銷人員過度濫用社群媒體為自家造勢「破壞」臉書及推特這類的社群平台。

如果是殭屍們使用社群媒體，毫無疑問，它們會以自我為中心。但是對於人類組織來說，透過社群媒體和所有其他管道進行溝通必須更有效率及吸引力，若以自我為中心的方式進行溝通，那我們可能容易被忽視，甚至招致批評。以下便是幾個最近的例子：

2015年4月24日，《華盛頓郵報》（Washington Post）刊出一則保守論點，認為柯林頓一家人「幾十年來都將自己的需求擺在第一位」。這則報導在希拉蕊·柯林頓參選角逐2016總統大位時，著實干擾了她，使當時她的支持率嚴重落後，後來還爆出她在擔任國務卿的期間，時常以私人郵件處理公部門業務的電郵。希拉蕊當時如何回應？她十分誠實的回應使用私人郵件在當時看來是比較「方便」的選擇。

《今夜秀》（The Tonight Show）主持人吉米・法倫（Jimmy Fallon）在2015年9月的訪問中詢問柯林頓：「電子郵件中有什麼？妳能說說電子郵件的內容嗎？大家都很想知道！如果妳能告訴我們電子郵件裡有什麼內容，問題就解決了！」希拉蕊則開玩笑表示，電子郵件很「無聊」，大部份的內容都已經公開了。

對於這個話題的溝通，希拉蕊顯得相當笨拙。如果她提供的資訊夠多，看起來更真誠地面對自己，會更加人性化，也比較討喜。當人們極為看重國安問題時，「方便」不是高階政府官員應該提出的好說詞。

除了希拉蕊，2015年，國際足球聯合會（FIFA）也是十分糟糕。他們不僅看來腐敗，而且是全然的自私。這個組織舉辦四年一次的男子世界盃，自1930年夏季至2022年秋季陸續在英格蘭、德國、俄羅斯、葡萄牙、法國、希臘、蘇格蘭、中國、印度及日本等國舉辦。但某位足球專欄作家批評這個活動好比殭屍的，認為他們以自我為中心、目中無人又不靈活。原因是國際足聯準備正式批准2022卡達世界盃在11月或12月舉辦，以避免夏季灼熱的陽光。但國際滑雪聯合會（FIS）主席卡斯帕批評國際足聯這樣的決定對於其他冬季運動是自私的，他認為國際足聯這樣做對於本就關注度不高的冬季運動來說是雪上加霜。

「國際足聯從來就沒聽從過其他人，如同足球一樣。」卡斯帕評論道，「他們只關心他們自己，而不是其他人。如果世界盃足球賽在11月12月舉辦，對我們的影響是巨大的。」

以希拉蕊和國際足聯兩個案例來看，無論如何美化，都無法靠溝通來糾正那些看似自私的行為。還記得第1章提到的身份圈嗎？核心價值應該是透過行為而非言語傳達，因此，有必要從根本的身分與核心，將自我中心的態度轉變為付出與利己的態度。

付出的價值

本章可以說是企業或組織最難面對的一環，事實上，轉變成開放的付出態度對大多數人和組織而言有違獲利的本質，但我們正在談論的是沒有附加條件，而且也不期望可以藉此獲得立即性獎賞的付出。

正如稍早提到的，開放的付出態度必須真正地發自於核心價值。要求自己檢視核心價值，但並不一定要徹底改變自己的身份定位，相反地，建議將其重新定位，而且越人性化越好。

付出的溝通可以有很多形式，不過真正的付出之心應該是發自於內心，而非大腦的理性算計。人類可以用腦袋思考更具戰略性的決策，但戰略性的付出仍然有點自我中心。不過付出所帶來的好處是長遠的，若有長遠經營打算，付出是必須的，只是多數組織無法體認到付出的好處。以下便是溝通專家和高階主管所分享的「付出」的價值所在：

1 付出可以建立關係。

付出者對人們是真正感興趣，而業務上的成功則奠基於以關心為基礎的關係上。運動服飾供應商安德瑪（Under Armour）執行長凱文·普蘭克（Kevin Plank）認為，「人們不為公司工作，而是為人而工作」。因此，某個角度來說，建立成功公司、產品或品牌應該從培養關係開始。安德瑪稱員工為「隊友」，他們可以享受公司內部最先進的健身和訓練設施，挑選喜愛的餐飲，也能享有不錯的服裝折扣等。2016年12月接受商業記者訪問時，普蘭克說：「我們贏了，我們的員工鬥志高昂。他們都感到來自公司的愛護與關心，他們也愛護和關心著彼此。」而位於巴爾迪摩馬里蘭州的安德瑪一直以來也與當地的藍領家庭保持著健康關係，多年來，公司投入資金用於城市改善，並積極參與社群領導，以確保所有的擴張計劃有利於城市與公司。

2　付出帶來進步。

付出者是真正有興趣於探索新的想法。外包和訊息共享等種種趨勢帶來創意，而「付出」則是推動創意的動力。在第5章中，我們提到了Google和其他知名公司如何允許打破框架，讓員工得以開創新想法，為公司帶來巨大收益。同樣的，多力多滋（Doritos）每年都會邀請粉絲創造令人難忘的多力多滋廣告——「砸碎超級盃」（Crash the Super Bowl）做為激勵。這個活動每年都令人期待，並吸引眾多人加入，透過活動也建立多力多滋輕鬆、以顧客為中心的品牌形象，讓該公司獲益良多。

3　付出博得好感度。

付出者往往有興趣為人們帶來歡樂。2016年，名人脫口秀節目主持人艾倫·狄珍妮（Ellen DeGeneres）第四次贏得年度受歡迎獎（People’s Choice Award），她因為過去多年來對許多值得關注的事件捐助「大量的金錢」而獲得四次殊榮，以表彰她的人道主義精神。而狄珍妮在發表得獎感言時說：「因為慷慨和樂善好施而得獎有點奇怪。事實上，這應該是我們該為彼此做的事，也是做人的根本。」由此可以說：許多人就是單純地喜歡付出！

誠心付出

建達資本公司（Cantor Fitzgerald）在 911 恐怖攻擊事件中喪失了 600 多名員工，這場悲劇促使公司採取付出行動。2013 年，這家全球金融服務公司被認為是擁有最佳因果行銷策略的公司，該公司的「慈善日」為慈善機構募集了約 1200 萬美元。

大眾很快就會認識到那些具有榜樣性的組織，特別是當這個組織捐了款或付出時間與精力時。建達公司（Cantor Fitzgerald）在重建成功的過程中表現出巨大的決心，並有意識的持續回饋社會，時至今日，該公司已然成為懂得付出的組織表率。

勢力強大的大型公司大多會投注人力物力在社會責任計劃和慈善工作，當然有些是真心真意的，有些則是不得不的偽善，他們都有一套運作模式，通常會先幫助那些不幸的人，可能以捐款進行，也有可能是志工活動。

整體看來，某些行業可能具有更多的奉獻精神。好比出版，本書的發行代理商契普・麥克奎格（Chip MacGregor）就向作者描述了他所謂的出版發行核心價值：「我們試圖拿掉故事，提供讀者有關娛樂、答案、教育及他們所需要的解決方案。」

但對於其他行業或組織來說，付出可能不具有自發性，也不會受到讚揚，甚至看不到這類特質的存在。事實是，我們不可能了解每一個組織的付出動機為何。理想情況下，應鼓勵企業發展與錢無關的關懷行為，也要為這類行為投注更多人力心力。

關懷力

關懷力，指的是以一種真誠的態度，來實踐自我追尋的作為，並試圖從身邊的人、機構或狀況中，找出可以貢獻所能的機會。身為殭屍專家的麥克斯・布魯克斯（Max Brooks）說：「任何一種感覺都比不上行屍走肉來得恐怖，歡笑、悲傷、自信、焦慮、愛、仇恨、恐懼，這些感覺，或是其他來自人類心底的數千種感覺，對已死之人來說是無意義的。」殭屍是缺乏情緒和感覺的，它們只會癡迷於尋找食物。因此在追逐利潤的過程中，千萬時時感受，保持關懷，千萬別讓自己成為殭屍！

喚出關懷力的簡單方式就是暫時拋開平常所重視的層面，好比當一家公司過分痴迷於數字和利潤時，感覺和同情心就會被放在不重要的位子上。

建議可以嘗試一些新的行為。我們可以從現在開始，拋開憂慮，甚至安排一個特定時間來關注財務問題。也可以打個電話聯絡同事或朋友。又或者，可以像健身魔鬼（CrossFit）一樣做波比運動（burpees），釋放腦內啡以轉移注意力。

我們可以開發適合自己的方式，但無論做什麼，不要陷入擾亂的想法中！

退一步海闊天空

慈愛冥想是我們可以嘗試練習正念的方式，無論是高階領導人還是新報到的實習生，我們都可以透過這個令人驚奇的方式，來表達自己的態度，進而為組織帶來好處。雖然這種冥想有許多變化，但基本概念是將愛和良善擴展到各種不同的人身上。首先，得把它擴展到自己身上，然後延伸到他人身上，這些人包含所愛的人、站在中立立場的人，還有與自己對立的人，然後是這些人周遭的其他人等等。

慈愛願望包括希望自己和其他人快樂、健康與安全，並能輕鬆過日子。如果我們具有一種善意的心態，那自會向所有盟友及敵人表示祝福。

現在，所有這類慈愛活動都只可能發生在腦海中的思想層面上，但是其實當自己獨處時，大聲唸出以下內容，會很有意義：

- 願我自己快樂、健康，免受痛苦。
- 願我所愛的人快樂、健康，免受痛苦。
- 願我的同事們快樂、健康，免受痛苦。
- 願某個競爭對手幸福、健康，沒有痛苦。

若能誠心誠意將此關愛延伸到所有人，便能遠離殭屍之境，以更好的態度為別人樹立榜樣。

殭屍診療室：開始付出的5種小方法

付出無須大手筆。事實上，小動作也可以有重要的意義。這裡有五種方式幫助我們開始學習付出，即便不離開座位上也能做到。

1 發送個人電子郵件。

向客戶、顧客、同事或員工表達對他們的謝意，內容不一定要成段。不要向他們提出請求也不要期待收到回覆，只是單純將此做為付出的練習。

2 公開讚美。

讚美一些人，他們可能是組織裡相關的任何人。我們可以在社群媒體上或透過電子郵件行事，也可在小組會議中誠心告訴同事們：「你最後一次打電話給客戶時做得很好，我真的認為這個問題你處理得很好。」不過讚美切記不要對外表有所評論，我們通常也建議在工作場所中要避免談論外表。

3 在社群媒體上要表現大方。

花5分鐘的時間在別人的貼文上按讚或轉發內文，無須設定主題，這麼做會比回應貼文或感謝他們要好。如果真的希望展現自己的慷慨，甚至可以在社群媒體上給予競爭對手正面評價。

4 獲得回應時也要有所表示。

以感謝及付出的態度回應收到的任何迴響和批評，不要刻意迎合讚美，對其他回應也要同樣殷勤。好的短語可能包括：

「哇，您幫了大忙。」

「謝謝您提供的回應，對我很有幫助。」

「謝謝。我會認真思考，感謝您提出意見。」

「您的觀點非常有價值。謝謝！感謝您的發言。」

5 打個電話。

當自己信賴的醫師親自來電問候時，我們應該會對這通電話十分重視吧？因為那位外科醫生真的很謹慎！在一個自動化系統、簡訊和電子郵件充斥的世界中，打電話反而顯得有點不尋常。我們可以試著打電話給客戶、顧客或其他合作夥伴，問問他們在做什麼。這麼做可以讓人們知道我們對他們的關懷。如果沒有人接電話，就留下友善的語音留言，要知道聲音的交流，永遠比一行文字更具感染力。

終於等到的葡萄酒

有時，立法者也像自私的殭屍，想是這擱置多年的律法大大挫敗了田納西州葡萄酒愛好者的嚮往。自 1933 年結束禁令以來，田納西是全國擁有最嚴苛酒類法律的州，這些法律禁止諸如 Kroger 和 Publix 等連鎖超市銷售葡萄酒，但在該州，酒商對葡萄酒銷售卻擁有獨賣權。直到 2007 年，田納西州雜貨商協會（TGCSA）決定要改變現狀。

但是，一個小小的協會要如何對抗酒商們勢力強大、盤根錯節的政治遊說團體呢？田納西州雜貨商協會（TGCSA）透過科學調查獲悉，約有65％的田納西人希望在可以購買食物的地方買到葡萄酒，因此他們相信，葡萄酒飲用者應該會支持改變這項法條。於是，田納西州雜貨商協會（TGCSA）與旗下會員合作，共同制定了一項預算，委由兩家備受尊敬的公關公司 MP＆F 與 Atkinson 對零售食品商店進行葡萄酒宣傳活動，並試著發起公民投票。

在預算不多，但眾志成城的動力之下，MP＆F、Atkinson 公關公司及田納西州雜貨商協會（TGCA）展開七年之旅。田納西州雜貨商協會（TGCA）和 MP＆F 直接將同是零售商的競爭對手聚集在一起，包含 Kroger、Publix 和 Target 等連鎖超市以及獨立商家，如 Food City 與 Superlo Foods，說服他們支持「紅白酒配食品」（Red White and Food）

活動，這些競爭者。在七次立法對決和歷時一年的公民投票運動中，都與田納西州雜貨商協會（TGCA）和MP＆F站在同一陣線。他們共同籌組了一個聯盟，協助田納西州食品雜貨店將葡萄酒上架。

此外，當酒商們持反對意見時，如零售食品商店販售酒類商品容易導致酒駕事件變多，他們則以科學研究的事實結果進行反擊。MP＆F的發言人愛麗絲．查普曼（Alice Chapman）說：「MP＆F有機會在活動過程中與全美頂尖的零售食品商店合作。對於這些同業能夠為了達成共同目標——提供合於顧客期待的新產品，而暫時拋下各自的分歧意見，我們印象深刻。」

最後，情勢逐漸明朗。2014年3月田納西代表大會終於通過公民投票法案，這意味著，田納西州民必須投票決定哪些社群可以販售葡萄酒。而零售食品商店需要在2014年11月前儘可能爭取更多田納西州選民在請願書上簽署。該活動經由社群媒體如臉書及推特公諸於世，並獲得媒體曝光機會，以正確的方式教育田納西州民簽署請願書，最後達成連署門檻，而78個符合條件的城市也都集妥了舉行公民投票的連署書。

之後，「紅白酒加食品」（Red White and Food）活動激勵全州78個城市的田納西州居民加入 #voteforwine 活動的行列，該活動也再次使用社群媒體網頁通知支持者。MP & F經常向全國記者提供訊息，並經常安排零售食品業者代表接受採訪。他們的創意策略還包含免費保險桿貼紙和有趣的電視商業廣告，其中還出現雜貨店購物民眾一再追問：「葡萄酒在哪裡？」的橋段；而社群媒體頁面則成為葡萄酒支持者和選民們相互溝通的地方，他們會討論哪裡買酒最方便。

7年之後，「紅白酒加食品」（Red White and Food）活動在2014年11月的公民投票中獲得巨大的勝利，78個城市投下贊成票。從2016年7月1日起，田納西州食品商店與人民們，在付出7年的心力之後，終於等到了期盼已久的葡萄酒。

資訊的透明與自由

1966年通過「資訊自由法」（FOIA），確保所有公民都有權獲得聯邦政府的資訊，此一法案被描述為「使公民了解政府在做什麼」，資訊自由法的透明化，有助民眾了解政府部門的工作內容，甚至有助提高「民眾對聯邦政府的信心」。此外，該法案也允許媒體記者向民眾揭露準確和有價值的資訊，以便更加了解政府的決策過程。

我們也該像這般，保持溝通管道順暢，同時儘可能提供多一點資訊，並透過訊息傳達讓他人知道我們的關心。以下是幾個可遵行的方向：

1 讓顧客進入狀況。

假想顧客就像媒體記者，他們真的想要儘可能地多了解我們，記者多半會尋找真實訊息與故事。讓顧客進入狀況的簡單方法包括及時提供有關服務、產品、政策更改及各類問題的詳細資訊，同時要確保他們能直接獲得重要而真實的訊息。

2
回答有關組織及組織想法方面的問題。

接受新聞採訪，或者在網站上發佈常見問題的表列，須確保訊息正確可用。我們時常可以見到一些殭屍網站列出令人啼笑皆非的「常見問題解答」，可以試著去設想，哪些是目標群眾真的想知道的內容？

3
免費提供有價值訊息。

本書出版社的文學代理商，會慷慨地提供免費的產業提示與秘笈以突顯他們的價值，當他們提供有用訊息時，也能為他們的組織帶來成功。（本章稍後將詳細介紹這點。）

4
提供即時的狀態更新。

最近瑪莉莎訂購名片時，倫敦的印刷公司 MOO 會趁她停留在線上協助服務台時自動告訴她目前線上的等候排序；而美國運通代表則向我們說明他們正在做什麼，稍後又回應他們處理到什麼步驟。這樣即時的狀態更新是令人放心的，也代表了關心與在意。

5 保持個人化。

在與顧客溝通時，請以他的名字稱呼，而非籠統的稱作「親愛的客戶」，這會讓他們感覺自己不僅僅只是個數字而已，並別忘了報上自己的名字。嘗試為顧客提供專人化的服務，例如可以直接聯絡到自己的私人分機，或提供其他簡單的選項讓他們可以與真人溝通。如果有可以降低成本的捷徑（例如語音電話），但因此讓自己看來像個殭屍是值得的嗎？

在付出和照顧的同時，必須滿足群眾需求。例如，若我們是一家網頁設計或開發機構，我們將同時擁有一些技術精湛的客戶，以及一些相反類型的客戶。付出意味著讓整個流程可以適合不同層次的理解需求。技術精湛的客戶也許對某些內含專業術語的電子郵件會有很好的回應，但另一群客戶可能需要更多解釋、內容說明和視覺效果才能明白信件內容。我們需要視情況，提供可以反映各種人類需求的訊息：個人的、古怪的，甚至是沮喪的，因為這些人對我們來說是重要的，提供訊息的主要目的，就是建立連結與信任。

透明也是一種價值

《綠野仙蹤》裡的桃樂絲盲目地相信，偉大的奧茲巫師能夠幫她找到回家的路，卻不知道他其實只是一個沒有超能力的普通老人。童話故事中固然可以充滿神祕巫師和待解謎團，但相同的狀況擺在商業上來看是會出問題的。唯有在誠實或透明的狀況下，組織才能獲得信任。

過去五年中，有個新興企業為公司員工和大眾提供了難以置信的大量資訊，那就是Buffer，這家公司提供社群媒體管理軟體。2013 年，該公司宣稱透明度就是公司的核心價值，同時也為業界樹立榜樣，這家私人企業提供以下訊息給任何感興趣的人：

- 每位員工的薪資狀況及公司的給薪策略。
- 即時的獲利資訊。（是真的，當閱讀這篇文字的同時，可以同步看見這家公司是正在賺錢或賠錢。）
- 每月獲利報告。
- 公司全部股權予以分拆。
- 公司股票選擇權的購買方式。
- 隨著公司成長而學到的經驗與教訓。
- 公司每位成員正在做的改善工作有哪些。

這家公司擁有100名員工，月收入超過80萬美元，前景一片光明。我們知道，一旦公司發展順利，不要披露細節或太過透明化應該對公司比較有利。所以，當這家公司的執行長兼共同創辦人喬爾．傑斯康尼（Joel Gascoigne）在2016年6月發佈了以下新聞內容時，真的讓人印象深刻。

傑斯康尼在公司部落格寫道：「這十分困難，但我們決定資遣10位團隊成員，即是1/10的成員。這個結果主要導因於我在職場生涯中所犯下的最大錯誤，更糟的是，這個決定並非起因於市場變化，純粹是個人因素所導致的結果。」

全長近3500個字的貼文中，傑斯康尼說明了問題到底出在哪裡（我們的團隊編制過大、擴編太快），對於自己所帶來的問題（我的糟糕判斷）提出解釋，同時提出解決配套細節，其中還包括至少在年底前，自己減薪40%。另外他還分享了公司裁員的方式及裁員後的銀行餘額。對傑斯康尼這篇貼文報以友善及正面肯定的回覆包含：

「我從沒見過哪位執行長如此公開、透明地說明這些細節。您為全球企業領導者樹立了榜樣。」

「以前我不是這家公司的鐵粉，但今後我肯定是。」

「這個誠實的作為就是讓我回來的原因！」

從這裡可以看到，信任時時建立在訊息和細節中，特別是在艱困時期。

新時代的波麗士大人

2013年4月15日下午2:50，兩顆炸彈在波因斯頓街上爆炸，地點十分接近波士頓馬拉松比賽的終點線。2013年波士頓馬拉松賽是美國最大也最知名的年度體育賽事之一，但當時顯然已成為恐攻目標，爆炸導致數百人受傷、三人死亡。

在爆炸後的混亂中，警方已展開緝拿恐攻嫌疑犯的行動，而波士頓警局也迅速採取行動，確保民眾安全。不過，公開正確的訊息其實是首要任務，透過波士頓警局的推特帳號（@bostonpolice）發佈，以防止錯誤訊息導致波士頓居民陷入恐慌。而這樣的訊息發布，可以看見波士頓警局的危機通報與溝通處理能力：

1 波士頓警局民眾納入溝通網絡中，紓緩民眾恐懼感。

下午3時39分，公共訊息事務處處長雪莉兒・菲亞德卡（Cheryl Fiandaca）公開證實此事，並指出「波士頓警方確認馬拉松比賽終點線發生爆炸案並造成傷亡」。在爆炸事件發生後的90分鐘內，菲亞德卡提供了10次更新訊息。在接下來的5天內，共有148則推文與恐攻追緝行動有關。波士頓警局除了發佈傷亡訊息，同時鼓勵居民在搜索和緝捕恐攻嫌犯期間留在家中。在民眾普遍不信任執法單位時，波士頓警局明確、直接和頻繁地溝通使他們被認可，也讓人覺得值得信賴，同時也更顯人性化。波士頓警局透過即時更新公佈重大訊息，隨著波士頓爆炸事件的展開，推特追隨者數量在幾天內就從4萬增加到30萬以上。

2 波士頓警局重視訊息精準度。

雖然菲亞德卡上任只有10個月，但她很快了解到波士頓警局可以透過使用社群媒體將公部門的執法力量擴大到媒體圈。在爆炸事件後，「菲亞德卡的簡報能力比推特發文能力更有用」。該部門員工每天24小時工作，在不影響調查進度的前提下，指揮官每日簡報3至5次，來公開發佈新聞內容。甚至不少媒體在報導事件發展之前，會先等待警局推特上的更新內容，由此可見波士頓警局多受信賴。此外，波士頓警局會以一貫的專業口吻，禮貌性地糾正任何外部錯誤訊息，並確保波士頓居民和媒體記者獲得準確訊息。例如，當CNN報導有關逮捕的錯誤訊息時，波士頓警局隨即指出這個錯誤，毫不戲劇化而只是簡單地回應：「目前尚未有任何人被逮捕。」

3 波士頓警局展現出一種真正的關懷。

溝通是為了保護每個人的安全。當嫌犯於4月19日被鎖定時，波士頓警局便在當日凌晨於推特上公佈其姓名及照片，讓民眾了解嫌犯長相及其「武裝危險性」。這則消息被超過1萬3千位推特用戶轉發。當菲亞德卡後來從新聞節目中獲悉媒體批露了調查人員的所在位置時，她提醒媒體保護調查人員安全，以免讓他們遭到潛在的危害。此外，波士頓警局也對受到事件影響的家庭表示同情。在爆炸案期間，波士頓警局在發佈即時訊息時會優先考慮所有人的安全，提供統一訊息，這些訊息不僅正確，也必須考慮到不同族群的不同需求。

4 波士頓警局顯出人性化的一面。

警局在溝通過程中除了保持一貫的專業態度，也同時表現出極大的同情心，在緊張時刻安撫群眾。4月17日的一則推特貼文中寫道：「在換班時，波士頓警局主管告訴員警：『今晚回到家時，記得抱抱你的孩子，而且要抱兩次，這是命令。』。」

在四天後的4月19日傍晚，波士頓警局在推特上發布他們成功逮捕嫌犯的資訊，他們寫道：「逮捕嫌犯！狩獵結束了，搜索完成，恐怖結束，正義獲勝，嫌犯在押。」這則推文被轉載超過12萬7千次，並在CNN等主要新聞媒體曝光。

波士頓警局的事件提醒了民眾——員警也是人，他們也會以老百姓的方式表達個人情感：用大寫字母和感嘆句表達興奮和感嘆之情，或者顯示出成功完成任務後的驕傲感，而這些恰好都是民眾對執法者可能會有的期待！推文內容以英雄故事作結，但不過分誇飾。最重要的是，這則推文也等於再次為許多被恐攻事件嚇壞的民眾提供了安全保證。

總之，波士頓警局為其他警察部門，樹立如何使用社群媒體與大眾進行真實連接的好榜樣。執法單位利用連續追蹤、影像及資訊等素材可以提供大眾更多慰藉。這些溝通選項提高了波士頓警局的可信賴感，其他警察單位也可以依此方式操作社群媒體。

爆炸案發生後，波士頓警局在社群媒體上所展現的付出精神與成熟態度令民眾印象深刻，也展現警局寬宏大量的一面。

我們借鏡這個事件，再再學習到「仔細公開便能建立信任感」這件事。

幕後花絮

2014年，龐特研究機構（Poynter Institute）的研究人員揭露了人們對新聞照片的看法，並試圖從中了解民眾最在意什麼。研究參與者再三告訴研究人員，他們最喜歡的照片是那種可能不會經常看到，甚至從來沒有看到過的內容。這個結果通常只有極少數的人才可能遇過，好比只有馴獸師才能近距離觀察獅子吼叫的瞬間。

所以，即使我們尚未準備好像Buffer這家公司一般揭露詳細財務資訊，也沒打算接手管理美國某個主要城市的公共安全，我們仍能透過說故事或提供新觀點等周邊花絮，來有效吸引觀眾，以下提供一些想法：

- 如果經營麵包店，我們是否可以從頭開始說明甜甜圈的故事嗎？
- 如果經營零售商店，我們是否可以製作縮時攝影內容，透過視窗展示新的時尚風格？
- 如果身為一位藝術家，我們能否展示製作過程的工作細節？

- 如果正進行水泥工程，我們能否告訴顧客如何執行工作？
- 如果我們是建築師，如何從無到有設計一幢房屋？
- 如果現在打算熬夜趕進度，凌晨時分我們的辦公室看來會是什麼樣？

先想想打算提供多少有趣的內容給觀眾，讓他們跟著公司一起創造有價值的經驗，而經驗往往來自於細節。

殭屍診療室：付出有必要？

心不甘情不願的道歉有多令人印象深刻？這種道歉不僅出於被迫，也缺乏誠意。沒有人喜歡被迫行動。同樣的，迫於某種義務而付出的感覺並不好，也可能導致反效果，一如接受禮物的一方可能根本感受不到熱情或質疑送禮動機。

理想的付出應該源自於歡樂，而這個付出會以一種正面的方式，或多或少地為別人的生活做出貢獻。付出的組織也會對他人的生活產生重大影響，而付出始於個人。如果真的不喜歡付出，試著找出原因並尋找可能的解決方案。

1 覺得負荷過大／過度疲憊嗎？

想想自己是如何充電再上路的？如果我們感到精疲力盡，很難再付出。如果停頓時間長一些、往後退一步，或是做一些讓自己好過的事，會有幫助嗎？是否可以因此而承受更多？

2 覺得被利用了嗎？

更糟的狀況可能是什麼？如果擔心別人正在利用我們，或對自己的付出不知感恩，那可能是因為以前有過不好的經驗，可以試著和值得信賴的導師、朋友或教練討論這種負面情緒的來源。

3 會認為自己沒有收到過太多東西，所以對他人付出變得很難？

對那些曾讓自己失望的人感到不滿嗎？自己真的曾吃過虧嗎？如果這些憤怒或不滿的感覺揮之不去，也許可以尋求治療師或生活教練的協助。

4 是否認為付出這個想法很荒謬？

嘗試著付出，好比進行科學實驗一樣，也許需要一點開放態度。採取幾個小小的具體行動，執行30天，然後看看自己有何感受。如果覺得不適合，可以隨時返回原點！

試著付出，但不要讓自己受到束縛，只有真誠的付出才會有收穫，一步一步來。

和你有關的垃圾

O2E 企業的總顧問艾咪．佩克（Amy Peck）說：「這裡沒有秘密，包含公司現在正在做的。」她的這則聲明出現在一則線上影音檔中，內容描述了 O2E 公司早上 10:55 的「雜亂時刻」。每日此時，公司 300 名員工都會聚集在一起觀看公司的更新訊息。這便是 O2E 致力打造透明度、歡樂感及具有傳染力的、以關係為導向的企業文化的展現。

O2E 旗下的 1-800-GOT-JUNK 垃圾清理公司是怎麼成形的？其實是創辦人布萊恩．史庫德摩（Brian Scudamore）25 年前，坐在麥當勞得來速車道等他的大麥克時想到的點子。他看到一輛舊卡車上塗鴉的「馬克搬運」字眼，認為自己可以做出一個更像樣的工作：創造一個專業和友好的垃圾運輸公司。於是他投資 700 美元買了一輛舊卡車，開始做起生意。史庫德摩的垃圾清理業務很酷，現在這家 1-800-GOT-JUNK 在三個國家約有 2001-800-GOT-JUNK 以客製化溝通方式，與客戶建立密切而友好的溝通關係。這家公司所以獲致成功，部份原因是該公司的付出心態：公司對人及真實關係感興趣。

「商業與人有關。」史庫德摩說。「客戶不僅使用我們的服務，而且與我們的工作人員和經銷夥伴們站在一起，我們正一起建構一個比單打獨鬥所能創造的，更大的世界。」

以下是作者訪談 O2E 品牌和 1-800-GOT-JUNK 後所學到的關係技巧：

1 堅持不懈。

1-800-GOT-JUNK 的創辦人布萊恩・史庫德摩（Brian Scudamore）不斷與受歡迎電視節目聯繫，如「歐普拉秀」（The Oprah Winfrey Show）、「觀點」（The View）和「菲爾博士脫口秀」（Dr. Phil），他希望這些節目播放並討論垃圾清運的過程，並堅信這些觀看可以讓觀眾得到一些想法。但這些想法可能太過前衛，節目的製作人就一再忽略他的想法。但是有一天，「歐普拉秀」竟然把他給找來，希望他能幫助一位在房子裡囤積垃圾的女人。最後，史庫德摩斯的堅持終於與媒體搭上線。

2　表現出可以提供解決問題的方法。

因為史庫德摩把他的服務當作解決問題的各種方案，所以獲得大量的無價宣傳。提供解決方案是一種付出形式，可以與新客戶建立關係，而史庫德摩不時提醒潛在客戶：我們的功能強大即時，可以隨時差遣的垃圾清運車隨時準備為您上路。

3　讓客戶開心。

1-800-GOT-JUNK享受與客戶的互動。例如，領導團隊成員包含創辦人、執行長、公關副總裁等等領導階層，都會定期在「電話大戰」中接聽來自真實客戶的電話，看這些領導者誰可以透過電話接到最多的服務案件。該公司也定期與慈善組織合作，貢獻時間和卡車，經銷的合作夥伴們也會舉辦有趣的庭院募款活動。想想自己的組織，是否有什麼方向來創造更多樂趣呢？

1-800-GOT-JUNK意識到，獲得新客戶所投入的成本，比留住舊客戶要高得多，所以，該公司集中行銷力於顧客的忠誠度上，並傾力付出，即便這可能會投注更多的資源。

但像 1-800-GOT-JUNK 這樣的人類組織，卻因為付出，讓更多的員工與客戶，願意持續選擇他們的服務，並與之保持互動、一起成長！

免費誰不愛？

國內行銷軟體公司 HubSpot 的身份定位則揭示他們「不強迫行銷」並據此擬定銷售策略：「人們不想被行銷人員打斷，也不想被銷售人員騷擾，他們只想獲得幫助。」HubSpot 以幫助他人為目的，也為了使行銷和銷售過程更「人性化」，於是10年後，他們累積了來自世界各地的2萬多名客戶。

即使像 HubSpot 這樣以營利為目的的企業，也看到付出對目前及未來的價值。例如，茱莉不必支付任何代價就能從 HubSpot 受益，因為他們的白皮書和電子書都是免費的。從不同主題的搜尋到社群媒體監控，HubSpot 內容可以將複雜的主題拆解為可理解的想法，幫助茱莉教學。

同樣地，《非凡雜誌》（Smashing Magazine）自 2006 年以來一直為網站和應用程式設計人員提供內容和免費贈品，線上雜誌擁有近 20 萬個通訊訂閱戶，52 個訂閱社群，同時享有資訊高質感聲譽。有時是否需要用一些圖示設計應用程式？希望讓 Photoshop 工具更有效率？或者需要編碼網站上的購物車？我們都可以在《非凡雜誌》網站上找到免費協助。如果需要更多協助，只要買一本書或參加《非凡》會議即可。

如今，贈品並非總是有用的資訊或數位工具，有時它們會是活動或一對一互動時的宣傳品（或「賄賂品」）。2015 年，企業和組織在促銷商品上花了超過 200 億美元，或許當我們買下閱讀這本書時，書中也可能附上一些品牌贈品，也許是一支筆、咖啡杯或手筆記本。

這種免費事物也不一定和商業交易有關，好比2015年11月，洛杉磯湖人隊後衛科比・布萊恩（Kobe Bryant）宣佈即將自籃壇退休，並在《玩家論壇報》網站上公開一封名為「親愛的籃球」的信件。當天，在湖人主場賽中，共有 18,997 名球迷出席，他們都獲得由布萊恩簽名的實體信件，信封上以黃金印章封緘。布萊恩在湖人隊度過整整二十年職業生涯，他把這封信作為「感謝粉絲的紀念品」。現場近2萬人都起立脫帽向湖人隊及布萊恩表達敬意，在那個特別的夜晚，美好的感動交流著彼此，場上一個殭屍都沒有！

免費換來無價

為什麼要在別人身上花時間、知識和金錢？證據顯示，這些免費的贈品通常能達到更多無價的目的，這就是附贈的原因。

1　他們提高了辨識度與熟悉度。

當茱莉的學生們進入職場後，他們與HubSpot有了頻繁的聯繫。這種積極的聯繫增加學生們考慮使用該公司軟體的可能性，也許未來當他們做出決定與管理、行銷與銷售有關的決定時，HubSpot便會是首選名單。

2 他們提供了展現專業知識和價值的機會。

《非凡雜誌》和 HubSpot 都透過提供有用的資訊以表達善意。消費者可以體驗兩家企業所提供的一切，卻不會因為過早進入市場而承受交易的風險。（公司通常會要求潛在客戶提供電子郵件地址或聯繫資訊，以換取多數人認為是公平交易的贈品。）正確的商業贈品多用於展示專業知識和積極的形象，我們可以看到，如果新客戶打算下單，贈品可能發揮臨門一腳的促銷效果。

3 他們提供了一些特別的感受。

科比．布萊恩的告別信為粉絲們提供了某種享受。儘管湖人隊球迷對布萊恩的退休感到驚訝和悲傷，卻也感受到這份禮物的特殊性。有些粉絲表示，他們打算將這封信件裱框收藏，也有些人將這封信放上 eBay 拍賣網，打算以 1,000 美元的價格賣出。這些特別付出的方式讓人們有所感能帶來很大的價值，畢竟，有誰會不想要這樣特別的禮物？

4　它們帶來互惠。

基礎社會心理學指出，人們傾向於回報正面的社交行為，如果做出對對方有益的事，比方送朋友一件生日禮物，朋友也可能做同樣的事情，投桃報李，朋友也不會認為這個行為是「負債」。因此，當我們提供免費和有價值的資訊時，便開始了付出的互動。

Contently 軟體公司的執行長尚尼．史諾（Shane Snow）運作公司時便主動提供技術與內容行銷，他的理念就是：最好的行銷方法就是提供消費者他們想要的免費內容，這些免費內容包含詳細的專案研究、如何撰寫內容、電子書、網路研討會及商務通訊。

2012 年史諾在《Fast Company 雜誌》中寫道：「付出概念成為我們的負擔，但是許多讀者成為我們的客戶，而我們所提供的內容是有用的，我們也努力教導讀者以自己的方式獲致成功。」

我們發現，多數人會擔心付出資訊這件事，他們不會吝於付出馬克杯和運動衫，但是分享真正有價值的資訊卻是很難。

但那些有自信付出的組織明白，提供資訊幫助他人不會讓自己的價值被抹去，因為多數的潛在客戶群具有以下特色：

- 沒有時間採取行動。對某些人來說，要他們自己動手來這件事幾乎是不可能的，也或者純粹是因為沒時間。
- 沒有行動願望。許多人期待真正的專家可以提供專業協助，這些專業人士明白如何順利取得客製化內容，這樣的服務內容是值得付費的。
- 沒有行為能力。不是每個人都能閱讀部落格文章或觀看 YouTube 影音，而且正確將其運用在自己想要的平台上。

除了資訊外，組織也能獲得經驗豐富的知識，這非常有價值。例如，每個小企業主在創建公司時往往會犯下許多錯誤，藉此他們可以學習到最好的做法和系統內容。來自於哈佛大學社會與互聯網中心的大衛·偉伯格（David Weinberger）博士，他如此定義「知識」：

> 我們因為慾望或好奇而探索知識，特別是「行動知識」，這些知識歷經無數交談、社會聯繫之後才產出，也是透過方法、回饋、理性推敲、直覺判斷、無心插柳、制度化及社會化種種過程累積而來。
>
> 知識難得，也難以傳授。一個擁有眾多資訊的組織好比坐在一個資訊和知識的金礦之上，我們不需要將其據為己有，健康的人類行為應該是與他人分享，就算給出部份內容，自己仍然剩下很多東西。

透過夥伴關係付出

2015年1月22日，一名來自紐約市的30歲弱勢青年在臉書上寫下一篇共計219字的文章，內容關於兩位教育工作者夢想——協助莫特霍爾橋樑學院（Mott Hall Bridges

Academy）帶學生走出犯罪社群，去訪問世界學府哈佛大學。在45分鐘內，這篇貼文湧入10萬美元捐款，網上募捐活動於20天後結束，募款金額超過140萬美元，除了做為訪問哈佛之用，也為學校畢業生帶來獎學金。這一切開始於一位年輕學生在東布魯克林附近過馬路時拍的一張照片。

布蘭登·史坦頓（Brandon Stanton）是暢銷書作家，也是個狂熱的攝影部落客，他採訪了莫特霍爾橋樑學院的一位6年級生維多（Vidal）。這名學生分享了影響自己一生最重要人物——校長納迪亞·羅佩茲（Nadia Lopez）的故事。史坦頓將這個採訪故事貼到部落格，引發瘋狂轉貼，後來促成了史坦頓與校方管理人員的會面，並擬定籌款計劃。由於擁有超過2000萬社群媒體追隨者和全球民眾追蹤觀看他的攝影作品，史坦頓的行動帶來重大影響力。

即便我們不是史坦頓這類人物，我們仍然可以選擇積極影響他人的生活。記住，協助他人，既可以成就個人也可以成就事業。因此，試著幫助合作夥伴，付出關愛和行動。

也可以想想還能和誰分享自己的想法？還可以幫助誰？欣賞誰的服務或產品？或者只是單純地對誰有好感？

2016年5月的一個週末，德罕合作市場（Durham Co-op Market）出現了青年女子樂團在店外唱歌和演奏原創搖滾歌曲。表演的樂團是來自北卡羅萊納州的女王搖滾樂團GRNC（Girls Rock North Carolina），該組織「透過創作，讓女孩、女人和邊緣人都能自信地成為社群參與的一員」。德罕合作市場是GRNC的好夥伴，因為合作市場旨在歡迎每個人，直接為社群作出服務。這家合作市場給了青少女樂團表演的空間，並在每次客戶結帳時提到GRNC的美好，GRNC則付出他們的表演和美好音樂，吸引客戶和鄰近的人們。這兩個團體都可以透過這類合作關係，贏得關注而增加聲譽。乃因以付出為前提的夥伴關係具有以下優點：

1 曝光。

當兩個具有共同價值觀的組織聚集在一起時，每個組織都能與彼此的目標群眾接觸。假設雙方的目標群眾不盡相同（這其實更是尋找新合作夥伴時的好目標），那麼會更容易被合作夥伴的目標群眾所接受。當一家受歡迎的咖啡館同意懸掛當地藝術家的藝術作品時，我們可以打賭，藝術愛好者會到這家咖啡館喝咖啡，而咖啡館的顧客也可能買些新的藝術品！

2 信譽。

當一家可靠的、具有知名度的組織，幫助另一家不太知名的組織時，可能會發生「光環效應」。群眾可能因為較具知名度的組織而連帶認為不太知名的組織是可信賴的，正面影響力導因於與知名組織的連結。即使是兩個彼此欣賞的小組織也可以互相幫助。我們毫不懷疑德罕合作社（Durham Co-op Market）的忠實顧客們也會認真對待女王搖滾樂團（GRNC）。

3 創意。

正如在第5章中所討論的，夥伴關係是讓自己獨一無二、脫穎而出的好辦法。組織可以定位自己，並在合作夥伴的幫助下尋找新亮點。儘管合作計畫未如預期，但光漢堡王當初努力與麥當勞對話這件事，對許多人來說是新鮮而令人感到興奮的。

如果已經在業內豎立口碑，不妨將自己的良好聲譽，用來支持規模較小的其他單位。而反之若是一個較小的組織，是否有能力幫助一家更大的公司吸收更多顧客，或者做一些有趣的事情獲得媒體關注？

要提醒的是，雖然付出具有潛在好處，但心態要調整得當，一個真正懂得付出的人是不會過度期望在合作過程中獲得好處，若純粹只是希望得到後面的好處，那這樣的付出必然是荒唐可笑的，但我們都知道，殭屍總是比較荒唐。

資訊	透明度	免費贈品	合作夥伴

要付出什麼？

花幾分鐘時間想想我們可以為他人提供什麼。我們建議使用四張白紙（或是白板上也可以）和便利貼若干。首先在四張白紙上頭寫下這四個項目：資訊、透明度、免費贈品、合作夥伴

擬妥這些類別，輕鬆看待它們，接著計時10分鐘，寫下組織在這些領域裡可以提供的事物。每個貼紙上只能有一個想法。想法越大越好！也不用設限太多！寫完後只要把便利貼放在面前的桌子上。

10分鐘之後，看看這些便利貼上的想法，並開始在最適合的項目下試著討論。不過某些想法可能跨越兩個項目，那便重複寫上，只要將每個想法寫在個別欄位中即可。如果是和同事一起做這個練習，看看是否有一樣的想法但表達的詞彙不同？將這些便利貼筆記集中處理。如果與同事在一起，請花點時間來解釋彼此不了解的任何想法，但要避免在此時辯論這些

想法的優點為何。

接下來，無論是自己或同事們，請根據每一列中的想法擬出順序，把最好的想法放在頂端。我們將「最好的」，定義為具體而且可以實現組織願景（參考第三章的GOST）。這時可以進行有益的討論和辯論。一旦確定了「最好的」內容，就可以拍照存檔了（而其他看似不可能的想法在未來可能會變得有用）。

最後，選擇一到三個現在就可以實施的想法，訂定策略，或與團隊成員一起確定下一步該怎麼走，但也要做好心理準備，因為不是每個付出都會帶來期望。

面對期望的心理準備

如果曾碰過讓人沮喪，甚至絕望的事件，攪亂了原本完美的假期，比方燒焦的火雞、突然的家庭革命或其他令人震驚的意外，那麼請不要覺得孤單。心理學家認為，很多人都會罹患「假期憂鬱症」，部份原因是因為願望未獲實現，與期望的落差太大。

期待對人類來說是兩面刃，因為期望給我們方向、信心與美好的動力，但一旦不如預期，有了落差，我們會悲傷、煩惱甚至憤怒。不過其實作好心理準備，便可以有效的減少這種落差帶來的負面效應。這個心理準備的鍛鍊，其實就是付出，真心真意不計回報的付出，便能培養更好的韌性與心理素質。如果田納西州的雜貨店和MP＆F公關公司原來預期嚴格的葡萄酒法律可以作出快速修正，那就不會有一段長達7年的漫漫長路了，MP＆F做好心理準備，在過程中不斷給予客戶精神支持，同時也不忘提供專業知識與智慧，才能在最後一飲香醇的葡萄酒。

請記住，付出可以培養一種源於核心價值的真正關切態度，而不僅只因為付出可以有所回收。確保掌握付出技巧的觀察指標就是：對一切付出無所求。如何確定，我們可以反覆問自己三個問題：

1 如果沒人注意到我們的付出，我們會失望嗎？

2 我們會計較付出是否對等嗎？

3 對自己而言，無所求的付出是否很難做到？

如果以上問題的回答都是「是」，且不僅是為了獲得媒體報導、榮譽或財務支持而策略性地付出，那便代表擁有了付出心態的素質。倘若如果仍然感覺付出很辛苦，那麼最終還是可能會以某種方式，來尋找「值得做」的內容。

殭屍診療室——檢查「仁性」

您如何付出心力？

- 真的對關係、想法和幫助他人感興趣嗎？
- 是否考慮過為周圍的人、機構和環境做出貢獻？
- 是否重視人際經營，並提供足以建立信任基礎的詳細資訊？
- 是否曾經免費提供有價值的任何東西？
- 是否樂於與其他組織合作？
- 能對付出無所求嗎？

Part

07

重新活過：

終結殭屍企業

Charging

一個具體的組織要在一夜之間變成殭屍是相當不容易的，反之，殭屍也無法一夜之間重拾人性。殭屍演化五階段，每個階段都有自己的表情符號，以幫助我們了解自己現在的狀況，或曾經處於哪個階段。我們不可能在同一個階段或另一個階段停滯不動，根據圖示是一個快速又簡單的方法，可以協助評估自己的整體狀況。

殭屍的五階段

第1階段：擁有具體人形，屬於完全的人類組織，也知道自己的核心價值；此時的行為和溝通可以明確反映出價值觀；謹慎、穩定、靈活，具有原創性也懂得付出；懂得謙卑改正錯誤，而且毫不猶豫。

第2階段：眩暈期，但還是人類；知道自己的核心價值為何；但無法搞懂該如何生存；看起來有點僵化，有時難以分辨；歷經過挫折，需要尋求協助；會主動想試著治療自己的狀況。

第3階段：斷了線，已逐漸脫離人類，但也不是真正的殭屍；通常身份定位有危機，不確定自己的核心價值；有時看來很像殭屍，有時卻也像一個人；可能亂了套，缺乏一致性或不太可靠；沒有明確的角色界定，缺乏清楚的定位。此時只要探索潛在的解決方案，肯定可以治癒！很多組織是處於這個階段。

第4階段：麻痺期，不了解核心價值；時常出現冒犯行為或溝通行為；拒絕與群眾互動；沒有反應，不認為組織需要成長。此時如果抱持真正開放、誠實的態度並有意願，仍可以治癒。趕緊接受治療是首要之務。

第5階段：完全腐爛，真正的殭屍一枚；魯莽、隨意，外表已難以辨識人形，行為或溝通變得自我中心。幾乎做的事情都會成為災難，更不願意接受改變，一團亂。

保持順暢的午餐動線

創新組織總是充分顯現人類特質，遠離完全腐爛的殭屍行為。殭屍就像生氣又飢餓的孩子們站在停滯不前的午餐線上，只懂得吼叫發怒又不知如何是好，但人類卻懂得保持移動。

為了能成為或保持人類，當殭屍特徵出現時，得想辦法解決。但是只要牢記：明確的身份定位永遠是最強大的武器，也是化解病毒的解毒劑，重新聚焦身份地位會長期影響一個人或組織的種種吧。

技術公司經常用特定的專業術語來轟炸客戶，這些功能和規格可能使客戶感到不知所措、恐懼或無聊。但是，位於北卡羅來納州威明頓的軟體公司 Meals Plus 所採用的溝通方式可能帶給人們一種溫暖的感覺。

不過10年前的 Meals Plus，卻是不折不扣的殭屍，他們當時提供管理銷售點寄存器、庫存控制、菜單計劃等軟體以協助學校自助餐廳運作。以下是這家殭屍公司轉為人類的故事：

2005年，Meals Plus已經營業16年，員工人數約20人，在北卡羅來納州和其他幾個州都有客戶。客戶一般無法輕易地將Meal Plus與其他軟體供應商做區隔，這家公司的溝通方式並不令人感到興奮，間接行銷和網站都讓人感覺普通，網站使用的圖像是圖庫照片，內容主要側重於描述軟體的技術特性。

該公司副總裁傑夫・福林（Jeff Flynn）意識到，只有他一人運作的行銷部門是問題所在，而他自己也知道無法處理這些問題。2005年，他轉而向北卡羅來納州德罕的一位品牌和設計專家多明尼克・里拉（Domenick Rella）尋求協助。

「我們真的需要跳脫窠臼，而我們已經在各方面努力嘗試了。」福林在接受訪談的時候解釋了這個情況。「我們在北卡羅來納州以外非常不具知名度，這是一個很大的挑戰，因為我們的目標受眾不願冒險，而且不精通技術。所以他們有可能使用不知名供應商的服務嗎？」

而里拉看到這些溝通內容時就發現，這家公司的身分並不明確，他說：「如果這家公司是一個人，你看不到他們的臉。這家公司沒有明確的個性。」

因此，里拉帶著 Meals Plus 公司展開療癒之旅，為公司擬定溝通規劃過程，包含分析競爭對手，發展人物角色等。以下是里拉和 Meals Plus 團隊所採取的關鍵行動，最後，他們都改變了。

他們最後共同訂了明確的身份定位：「對於想使用軟體的餐館經理來說，Meals Plus 可以協助您運作餐館沒有干擾與麻煩。」而他們選擇的標語是：「保持順暢的午餐動線」不僅好記，也提供超越對外行銷的工作願景。公司所做的一切都以這句話為最高指導原則，反映公司以客戶為中心，可靠、有效率也有創造力的核心價值。

他們以此新願景重整公司，以確保能提供客戶穩定的消費經驗。福林更致力於確保公司在與所有客戶的接觸上都能溝通一致。為實現此一目標，他網羅來自營運、技術支持和其他部門的員工，共同參與行銷和溝通規劃。公司所有人，包含客服中心人員都在同一陣線，這麼做有助於確保各部門之間的健康關係，讓每個人都注意到溝通重點。

Meals Plus 也投資新的客服系統，提升原有的效率不彰問題，以保持午餐動線順暢。線上等候時間遠低於業界水準，至於支援電話服務則有助於解決客戶的個人問題。一如福林說：「我們希望建立強大的客戶關係，而非只是一家軟體供應商。」

長期客戶貝絲・潘林恩（Beth Palien）是阿什維爾學校的營養主任，於 1997 年首度使用 Meals Plus 軟體。以下是她使用 Meals Plus 改良後的經驗之談：「Meals Plus 的客戶服務是讓他們脫穎而出的重要因素。我還記得，在一切都網路化之前，我必須要在手機上與桃莉（Dolly）談到需要技術支援的事。但他們現在可以直接進入我們的電腦修復任何東西，這真是太棒了。」事實上，這家公司的改良軟體已經為他們贏得三個產業獎項和許多新客戶。

這種改變在於，他們讓科技看來溫暖而且唾手可得。作為大部分客戶群的學校營養主任並不是IT專業人士，但他們往往是下單購買的決定者。所以，福林想要溝通的觀念是：「科技技術是友善的，而不是令人害怕的東西。」於是Meals Plus利用自助餐廳裡學生們沿著輸送帶移動的插圖來改變形象，漫畫圖示和微笑人物相當顯眼，於是德克薩斯州的一位客戶在看過這些展示之後表示：「我很喜歡貴公司的整體形象，看來和其他公司很不一樣。」

此外，他們還提供客戶一個有用和難忘的人類性。Meals Plus行銷經理麗茲．羅賽爾（Liz Roesel）說：「起初，我們只是傻傻地為午餐動線上的所有孩子命名。」在里拉為公司開發出新的行銷主題後的數年，她加入團隊。然後，她想到用某個角色當公司吉祥物的點子。

「記得當時我跟傑夫提到這個想法時感到很緊張，因為對Meal Plus來說，我是新手。但我很快就明白，他真的很樂意嘗試新的想法，並測試它們。」羅賽爾說。

因此，「葛拉罕」誕生了，很快成為 Meals Plus 的明星，一開始只是一個剪紙文字，後來是一隻絨毛玩具，到後來，葛拉罕出現在公司的各種宣傳活動中。

布萊登郡學校營養主任艾咪．史坦利（Amy Stanley）說：「我們喜歡葛拉罕，他就像眾多學生中的一份子。孩子們都想和他一起拍照，他就像架上的精靈，餐廳裡到處都有他的影子，孩子們來吃飯的時候就想找葛拉罕。」

公司還為行銷團隊打造專屬車輛，當 Meals Plus 員工拜訪客戶時，可以拍照留念。「葛拉罕讓大家想拍照留念。」羅賽爾說。「我們可以向客戶強調這種人性化的連結，不管在溝通或使用社群媒體上，他們似乎很喜歡這樣。」

甚至，葛拉罕的出現還幫客戶解決了孩子們的飲食問題。2010年，美國通過「健康、無飢餓兒童法（Healthy, Hunger-Free Kids Act）」，提高學校餐廳食物的營養標準。但法案通過後，有些孩子仍不情願吃更健康的餐廳食物，葛拉罕的出現，竟意外幫助客戶克服這個問題。

史坦利解釋：「葛拉罕出現的第一個月，我們的銷售額增加了5%。有些帶餐盒到學校的孩子現在已經轉移到學校餐廳去看葛拉罕了。」

葛拉罕不僅吸引學生走進餐廳，在史坦利的學區，葛拉罕還確保孩子們可以擁有健康的食物。餐廳員工可以拿葛拉罕均衡飲食示範善誘道：他的盤子裡充滿所有必要的蛋白質和蔬菜。

此外，他們為客戶提供了為社群做出貢獻和獲益的機會。Meals Plus 的客戶花了大量時間設計菜單、購買食材和研發食譜，而 Meals Plus 的軟體能為客戶帶來「社群烹飪食譜」，比方說，當A客戶上傳兒童喜愛的食譜時，遠在國境之外的B客戶也可以下載食譜，並嘗試自己烹調。

除此之外，Meals Plus 還想幫那些非客戶們。2016 年，Meals Plus 推出5分鐘播客節目，內容是營養主任的訪談。羅賽爾解釋：「如果有人正在讓孩子們吃香蕉，看來像電影裡的『小小兵』（Minions），我們希望提供資訊，幫任何對此事感興趣的人，而非只是我們的客戶。」提供這些資訊，確保孩子們的健康，這無疑對 Meals Plus 的形象信譽大大加分。

現在 Meals Plus，業務蒸蒸日上，而它是如何保持營運健康成長的？公司的目標之一便是，不論客戶群如何轉變，仍保持溝通內容的新鮮度和黏著性。例如，在過去兩年中，越來越多IT主管，而非學校營養主管做出購買軟體與否的決策。Meals Plus 如今可以生產一些不同市場的行銷內容，與更多的專業技術者交談。Meals Plus 具有靈活性，該公司在提案中特別強調強大的技術能力、建構技術示範影音，同時也針對開發人員規劃簡報與商展。

於是，由於 Meals Plus 再次聚焦於身份定位及溝通發展，主要業務營運績效得以大幅成長。此外，Meals Plus 的聘僱員工也已超過 50 人，遍佈全美，所有的收入也上升了兩倍。

Meals Plus 的例子證明，重新定位組織身份和溝通方式，能夠幫助那些已經有殭屍傾向的組織恢復健康，而且蓬勃發展。

健康為何物？

學者勞倫斯・羅森菲爾德（Lawrence Rosenfield）、勞瑞・海斯（Laurie Hayes）和湯馬斯・弗蘭茨（Thomas Frentz）在 1976 年出版的教科書《溝通經驗》中，溝通寫道：

「健康是指『有機體』（在此情況下指的是人類）適應環境的能力。」作者認為，健康需要「意志力和適應能力，與自己的世界保持一致」。

而健康的人類素質，通常具有以下兩種特質：

1 這樣的人能夠「認清現實」。

2 他通常會拿自己與周圍的人相比較，不斷檢視自己的看法。

本書中所說的，具體化的人類組織會想要與他人保持良好的關係，並且展現出適應任何困境的真實能力。而發現自己身處殭化階段的人（想想達美樂披薩或 Lululemon 公司）可能會選擇重新定位自己的身份，否則他們可能生病進而遭逢苦難。

具體化意味著在溝通的每個層面都呈現最真實的自己及最好的自我，完全具體化的組織就像健康的人類一樣散發著溫暖的光芒，因為他們根本沒有什麼可隱藏的！他們為自己感到自豪，真實，而且永遠在探索靈魂。對他們來說，最重要的就是把重點放在自我定位上，並堅守我們在本書中所提到的五個人性特質——理性、穩定性、彈性、原創性、仁性。

許多不同程度的病態企業，如果能妥善處理，殭屍企業仍有可能康復，成為健康的人類組織。以下所提的疾病縮寫（SICK）是個殭屍「溫度計」，可以用來量測書裡所說的五個特質，透過此一流程，我們可以隨時監測自己的病情：

S：您是否**自私**（**Self-absorbed**）或**僵化**（**Stiff**）？殭屍沉迷於自我而且固執不通。人類則具有靈活性，帶給組織誠信，並容許自由地提供資訊。靈活的組織可以適應環境並進行真實回應。想要成為真正的人，您必須懂得付出而且具有靈活性。

I：您覺得自己的身份定位**難以釐清**（**Indistinguishable**）嗎？殭屍的言行基本上看來都一個樣。人類是獨一無二的。人類組織能將身份與創造力相結合，創造真正的原創性溝通。

C：您**瘋了**（Crazy）嗎？殭屍是隨興又不可預知的，這使得外人認為它們看起來有些瘋狂。人類則是穩定的。穩定的組織才有能力了解群眾，並合理地計劃加強身份溝通。

K：您要加入**神風特攻隊**（Kamikaze）嗎？殭屍會魯莽而隨便的執行任務（它們甚至會自殺！）。健康人類並不具有自我毀滅性，而且會審慎地看待自己的行為如何影響他人。

完全成熟的具體組織，對自己所做的工作多半充滿熱情，不管是技術、保險或財務方面都是如此！也許是因為他們對於能將客戶引導至他們所喜愛的東西上感到興奮。企業家和獨資企業經常表現出一種熱情，因為他們的產品或服務與自己所擁有的技能相關，好比藝術家會用自己的雙手製作藝術作品，臨床心理學家則會用自己的專長幫助別人。

若當我們有一個新的想法，或者已經投入自己的小生意或小企業時，只要牢牢把握住自己的身份定位便能成事，我們的瑜伽朋友阿咪．雷恩（Ame Wren）就是個明證。

自己的瑜珈動作

美國多數的瑜伽教練不會有全職薪水，他們奔波於不同工作室，時薪不高，更不會有醫療保險或退休福利。2015年，作家米歇爾．戈德堡（Michelle Goldberg）在刊登於《紐約雜誌》的一篇文章中，將瑜珈業描述為「超級巨星經濟」（Superstar Economy），只有少數人位於金字塔頂端，享有豐厚利潤，底下則有許多苦苦掙扎的跟隨者，至於中間則是空的。

15年前還是波士頓大學學生的雷恩，斷斷續續在「幸福猴子瑜伽工作室」（Blissful Monkey yoga studio）學瑜珈，雷恩被瑜伽吸引，所以總是不斷地回到工作室。幾年後她完成了培訓，成為一名瑜珈教練。茱莉在2008年遇見雷恩，當時雷恩還在波士頓的一家社群瑜伽工作室教授5美元的瑜珈課程。

2010 年，雷恩卻以當地最佳瑜珈老師的身份獲得波士頓雜誌所頒發的「年度最佳波士頓獎」。她當時已是最受歡迎的瑜伽雜誌《瑜伽日誌》（Yoga Journal）的重點老師。她也受邀在受歡迎的「漫遊瑜伽節」（Wanderlust yoga festival）教授瑜珈，而這個活動可不是每個人都能參加的。

自 2013 年以來，雷恩的事業便蓬勃發展，成為波士頓瑜伽學校的創辦人和導演，這所學校提供瑜伽教師培訓計劃，讓波士頓及整個東北部地區的瑜珈教練們有學習的機會。她在波士頓的各工作室裡都有完整的教學時間表，並在全球各地如波斯大黎加及義大利舉辦研討會。她的教師訓練、演講和工作坊充滿生產力。雷恩開發多項收入來源，使她的瑜伽事業發展到極致！

她就是一個成熟企業的領導者案例，儘可能深思熟慮地探索自己的核心價值觀，而且真實一致。即使一路走來有些顛簸，她仍專注於兩個主要的核心價值：

1 **善意**。「釋放善意！」雷恩說。透過不斷地釋放善意，雷恩輕鬆地吸引了學生們和她建立一個令她自豪的事業體。

2 **力量**。「我就是這個樣子，走向世界。我不試圖採取行動，過程中保持自我的穩定度。」雷恩解釋。她的自信幫助她走過事業草創期的高低潮。

此外，雷恩的主要學習經驗也很曲折，但她仍讓自己成長茁壯，恰好也都符合了人類組織的絕佳韌性。

1 **困難其實是成長**。

當雷恩的意識形態與工作室發生衝突時，她被波士頓一家受歡迎的大型瑜珈工作室老闆解僱了。

「我是個培訓課程的能手，並且教授了許多課程，從無到有，勤奮努力。但是瑜伽是一個事業，而且在任何事業中，持續維持能量飽和是困難的。」雷恩說，這是她職業生涯的最低潮，但她也表示，這也她所經歷過最好的事情，因為這件事是個轉折點。

「我停止鞭策自己模仿其他受歡迎的瑜伽教師。我意識到，我已經找到自己的立足點，並且準備好起飛。」雷恩說。

2 找到自己。

雷恩理解到，她在一個不是自己所擁有的工作室裡受到束縛，她也不喜歡工作室老闆喜歡的瑜伽教學風格，於是她開始尋找一種更為真實的教學方式。她只教授自己的概念和姿勢，而且是自己最喜歡的或收穫最多的教學內容，而非只是教授簡單又符合潮流，或大眾期待的課程內容。她將自己的經驗與座右銘傳承給有抱負的瑜伽老師：教你所愛的，而且知道為什麼自己愛它。

3　人人都在觀察你。

越來越多的學生跟隨雷恩遊走於城市之中，出席她的課程、研討會。她非常尊重自己的工作室，但她不再把所有的雞蛋放在同一個籃子裡，也不再尋求與其他工作室老闆建立私人關係。雷恩放棄取悅別人，並根據自己的身份定位建立起她的追隨者。她的事業不再侷限於某個地方。

當我們詢問雷恩她是何時意識到自己有了一個既定的公開身份，她說：「我不知道有關身份定位這件事，希望我可以早點意識到這點，早期就不會犯這麼多錯誤。」

然而，雷恩注意到她的學生對她卻是觀察入微，他們絕對希望他們的瑜伽老師成為眾人學習的榜樣！她教授許多有趣的瑜伽動作、整合不少動作，也傳遞了一種存在感。不論在瑜珈課程或非上課時間，她都是親切、善良而且懂得付出的。

「我是表裡一致的人，不希望自己有公眾或私下的兩種樣貌。我嘗試做一個好的瑜珈師。」雷恩說，她的目標是不管面對學生或其他人都同樣的友善。

4 關心支持自己的人。

雷恩是個具有競爭力而且有企圖心的企業家，許多亮眼的年輕瑜伽師只想要光環！但雷恩則專注於建立一個對瑜伽真正感興趣的社群。當雷恩被工作室解雇時，她意識到有一群學生和老師支持她。她的支持者讓她感到堅定，付出關懷而不利己是她的成功基石。

雷恩一直以自己的目標為中心，運用小小的戰略溝通技巧，培養團隊感。早幾年，她主要透過臉書與學生聯繫，鼓勵他們來上課。她承認，她可能催逼學生有點過頭，因為她會用可笑的身份更新來轟炸學生！雷恩認為，她留得住學生的原因是因為她真的認識他們。因此，她的行銷工作做得不多。一般學生都在波士頓瑜伽學校與她一起練習，有時也會到她的工作坊上課。

「我意識到，記住學生姓名有多重要，這是我很快就認識人的一種方式。當人們認為自己被記住時，他們會再回來。」雷恩學會將個人連結放在業務目標之上，口碑為她的事業創造奇蹟。

5 關心同行。

不是說要不斷盯著競爭對手，而是說要看著值得學習的對象。雷恩特別談到她完全不想成為社交媒體上的瑜伽名人。她不會每天貼出複雜瑜珈姿勢的照片或在線上提供教學影音。她承認，有許多瑜伽老師採取這種行銷方式，而這種方式絕對有助於他們與學生的連結，而且可以散播知識。

「但是，我所欣賞的老師都沒有這麼做，所以我也不這樣做。」雷恩解釋。對她來說，合作關係和夥伴關係也是非常重要的，所以她帶了許多同事到波士頓瑜伽學校教授課程。她認為自己既是老師也是學生，她想要學習更多。

6 改變自己覺得行不通的事。

當雷恩受訓成為瑜珈老師期間，正是音樂普遍出現在瑜珈課程中的時期。比方說，在她的第一堂課程中，她被要求專門教授播放嘻哈音樂的課程。對她來說，上課播放音樂這件事好像不太真實，所以多年來她也沒想到不要播放音樂。直到有一天，她這麼做了：「音樂讓我抓狂，我忍耐得夠久了，這應該屬於現代瑜伽的文化傳統，像是某種約定俗成的風格。歷經內心交戰後，我放棄了音樂。但是你知道嗎？竟然沒人注意到！如果有誰注意到，似乎也沒有人在乎！我現在覺得自由了。」

雷恩也受過典型 200 小時瑜伽教師培訓課程結構的限制，這個結構是瑜伽聯盟所設立的行業標準，瑜珈聯盟是美國非營利聯盟，旨在授證教師培訓課程。所以，她增加更多課程時間好介紹波士頓瑜伽學校的計畫內容，以便學生們能更深入地理解諸如解剖學和瑜伽哲學等課題，而非只是學習基本的瑜伽課程。

「瑜珈教室有『學校』兩個字對我來說很重要！它應該是學術機構，而且學生需要透過閱讀學習事物。」雷恩說。

誰說必需做別人也在做的事情？雷恩意識到，應該要做得更好，因此，她為學生帶來額外的知識和學習支援！

雷恩也將客戶導向的個人化行銷方式運作得很好。當雷恩專注於釋放善意並認識她的學生、幫助他們找到適合自己的瑜伽練習時（不一定和她一樣！），她便注定會成功。

「我希望我的學生可以做一些對他們有意義的事情，找到最好的自己。」雷恩說。她沒想到在瑜伽事業中推出次好的品質，她最經典的智慧語錄是：「不要在意別人的想法。停下來，與你想要接近的人連結。戴上眼罩，別讓別人影響你現在正在做的事。我有信念堅持自己的道路。做個誠實的人，自有豐盛的回報。」

成熟帶來發展

雷恩的例子說明，不止一種方式可以展現自我。雖然某些企業應該密切關注該行業內所發生的狀況，但也有某些企業因為關注內部成長和自我意識而發展良好，就像雷恩所做的那樣。如果可以找到適合自己的方式，必定會如魚得水，駕輕就熟，進入一種「成熟的狀態」，並帶給組織健康的發展。

您能夠睡得更好。夜晚好好休息，因為您知道自己所堅持的核心價值能成就您的真實自我。

您的組織能夠健康成長。群眾自然會被您吸引，因為您對他們來說是有趣和真實的。

您是被愛與被原諒的。即使是完全成熟的人類也會犯錯。但您是被愛的，因為您能夠毫不猶豫地謙虛受教，並且向群眾保證您會堅持組織的價值觀。

您是值得信任的。群眾信任並相信您，認為您會記住他們的以及您自己的興趣。

您會擁有良好的聲譽。由於您過去的行為，您更容易找到新客戶、合作夥伴和支持者，他們都很樂於與您合作。

您能擁有持久的關係。關係得以維繫長久主要奠基於真實性和信任感。與客戶和員工保持關係遠比尋找新關係成本更低。

您的承受力增加。從本章和本書的案例研究中可以看出，成熟的表現有助企業獲得成功。

把客戶放在首位

儘管仍處於創業早期階段，雷恩的瑜伽業務仍蓬勃發展；Meals Plus 在過去十年中發生了變化，結果令人驚艷。現在讓我們看看歷經40年的成熟表現可以帶來何種成功？

一般來說，多數殭屍殺手是不穿西裝的，但是查爾斯·希瓦伯（Charles Schwab）是個例外。在金融投資業中，位於舊金山的這間金融服務公司 Charles Schwab 顯得與眾不同。

40多年前，創辦人查爾斯以客戶需求為優先考量，並逐年降低成本，為投資者的大小投資提供服務。幾十年來，希瓦伯的溝通團隊一直致力於支援和推廣業務，使企業得以在全球持續擴張。該公司目前擁有全球 330 多家分公司，員工有1萬6千多人。

希瓦伯致力於真實溝通，溝通團隊每年都會檢視顧客反饋結果，研究消費者行為及企業優先選項，做為調整全盤溝通計畫的依據。2015 年，該公司將旗下溝通部門（如行銷、公關、員工溝通及高階主管溝通等），整合成一支大型團隊。

舊金山公司是一個完全成熟的組織，其溝通作法足以成為其他大型組織的典範。以下是我們從希瓦伯團隊中學到的：

1 超強的身份定位獲致成功。

自 1970 年以來，希瓦伯公司就開始與華爾街那些傳統、自我又魯莽的企業相抗衡。該公司超強的核心價值包括透明度、責任制、方便性、創新、服務和低成本。希瓦伯的座右銘就是：「從客戶的角度觀察，以客戶為優先，挑戰金融服務業現狀」。

資深公關副總裁格雷格．蓋博（Greg Gable）表示：「這個產業常常是在服務自己而非客戶。但是，希瓦伯公司從一開始就把客戶放在第一位。我們希望員工自問：『如果您是客戶，或者您的母親是客戶，您會怎麼做？』」希瓦伯對公司身份定位的承諾吸引具有相同價值觀的其他人。截至 2016 年 8 月止，希瓦伯擁有超過 1000 萬個經紀業務客戶，7 千名投資顧問接受希瓦伯公司的顧問服務，委託總金額高達 2.62 兆美元。

2 失去身份定位可能導致錯誤。

2000年初，希瓦伯在市場景氣轉趨低迷時，增加了收費結構，連該公司也難以說明改變的理由，以致客戶對諸多定價感到困惑和不滿，因為從這點來看，希瓦伯對方便性和低成本的承諾顯然不一致。

在此同時，市場行銷計畫也亂了套。例如，2003年有6個不同的宣傳活動同時運作，而該公司任用多個廣告代理商執行創意工作。

當希瓦伯發現錯誤時，該公司便恢復原本的費用結構，同時推出「與恰克談談（Talk to Chuck）」活動。該活動傳達了簡單明瞭的訊息，使公司人性化，並再次與其他金融服務公司進行區隔。

「當我們偏離軌道，行為變得不符合公司價值觀的時候，就是陷入麻煩的時候。」蓋博說。

3 給予回報。

希瓦伯公司在2001年大量裁員時，該公司為遭解聘的雇員成立1000萬美元的教育基金，兩年內，這些遭裁員的雇員可以在公司認可的學術機構上課，並獲得價值2萬美元的學費贊助，此外，18個月內重新受聘僱的員工可以獲得7,500美元的獎金。

自1997年起，即任職於希瓦伯公司的蓋博說：「公司對待解聘員工的方式會給留下員工們一種良好的印象。」該公司還為員工提供了豐富的福利，包括服務5年後享有28天的有薪假。

希瓦伯公司投資各類專業項目，提供員工接受如美國行銷協會（American Marketing Association）和佛瑞斯特（Forrester）等單位的培訓機會，因此，該公司員工得以掌握數據分析及社群媒體管理等專業領域的最新動態，行銷團隊還會定期更新內部課程。

4 友善付出。

2016年，希瓦伯第五度贏得《蓋洛普偉大職場文化獎》（Gallup Great Workplace Award）殊榮，表揚該公司「創造職業文化素養的卓越能力」。此外，該公司也被《財富雜誌》評為「世界最受尊敬50大企業」之一。

在實務以外，而最難得的是自2004年以來，希瓦伯被美國最大的性別平權組織（LGBTQ）評為「最佳工作場所」，LGBTQ針對希瓦伯公司致力打造一個對不同性別、性傾向友善的工作環境，表示深深的敬意。基於以上種種原因，希瓦伯的企業文化與價值讓員工流失率一直遠低於同業水準。

希瓦伯強調溝通透明化，以確保客戶了解費用結構。該公司要求所有的財務顧問解釋自己的想法並提供建議。此外，該公司也提供私人及線上金融專家免費的研討會課程，在網站上發佈專業影音和文章，還會寄給客戶財經雜誌，種種付出，讓人非常受惠。

5　在對的時候創新及變革是必要的。

2012年8月，該公司擢升任職12年的老將喬納森・克雷格（Jonathan Craig）為行銷長。克雷格明白，推動10年的「與恰克談談」平台雖然表現良好，但也該是時候做些調整，因為金融市場和公司客戶都有了新的變化。

「研究顯示，我們經常吸引那些具有主動性的人，也就是會設法掌握自己未來的人。這些人對投資比較熱衷，當然部份原因是2008年的經濟衰退。」克雷格說「我們再次看到公司的核心價值是如何與群眾相連結的。」

於是，廣告代理商Crispin Porter ＋ Bogusky在2013年協助希瓦伯公司推出新的行銷主題「掌握明天」（Own Your Tomorrow），這句話出自於1970年代希瓦伯口中，強調了人們參與生活和投資的力量，也鼓勵客戶針對財富管理問題勇於發問。系列廣告中提出了以下問題：

您知道您的金融顧問提出建議的依據是什麼嗎？他們是否言行如一呢？您知道自己要支付多少費用嗎？您知道這些費用會如何影響您的獲利？

希瓦伯重視透明度和低成本，「掌握明天」溝通平台喚起客戶對公司過去優異表現的記憶。公司報告顯示，在2016年年中業績裡，新增客戶資產淨額連續第5年達到1000億美元水準。在訪問時，克雷格便如此大方分享他的行銷做法：

1 每個人都符合公司的核心價值。

在一家小公司內，員工很容易站在同一陣線，但希瓦伯公司的規模則需要投入更多關注。

「對大型企業來說，一致性是長期工作努力、也是成功的關鍵。」克雷格說。「一致性的持續非常重要，而且要反覆確認，讓每個人都清楚地知道自己是誰，所代表的是什麼，以及要做什麼。」隨著希瓦伯公司新進員工的增加，該公司已經發展出具體的培訓計畫，協助新員工了解公司目標、背景和價值觀。例如，員工會參加研討會，討論自己如何定義希瓦伯公司的價值觀，他們也會練習向外人說明公司的核心價值。

克雷格說：「我要求 16000 名員工都要對公司目標充滿熱情。員工理應是公司的擁護者。」

此外，公司每年進行兩次互訪調查，詢問員工問題，例如：「你認為自己的工作和公司的大目標是否有所連結？」這種對自我反思和質疑的鼓勵也是希瓦伯公司文化的一部份，這些答案有助於管理階層了解員工是否都站在同一陣線。

2 確保個人價值觀與職場生涯一致。

本書開始時，我們做了個人價值觀練習，並思考如何讓自己與組織的價值觀相一致。克雷格的建議與這個觀念非常相似：「單獨的競爭需求，無法像核心價值觀一般具有驅策力。因此問問自己，對公司是否充滿激情？如果不是，我想不會快樂，也不會有價值感。而我們應該每天都過上價值的生活。」

克雷格強調明確、單一業務的重要性。以希瓦伯公司來說，重點是協助客戶更好地將自己的需求放在首位，並與組織的目標緊密結合。如果組織沒有目標，克雷格建議想辦法找到它，然後藉此找到具有相同認知的員工。

3 隨著傳播行業的重大轉變進行調整。

所有組織，包含希瓦伯都必須靈活變化，因為產業發展迅速，單純透過媒體促銷產品的行銷方式已經不再適用。克雷格分享道：「行銷價值觀與故事，而非銷售商品，這樣的方式是有用的。分享我們的價值觀並聆聽我們故事的人總會被我們所吸引。」

此外，希瓦伯公司從自己的研究中得知，投資者，特別是45歲以下的投資者對金融機構抱持懷疑態度。因此，希瓦伯公司在行銷面上不會特別強調產品和服務，反之，「掌握明天」活動將焦點集中在潛在客戶及他們的夢想、未來與價值上。這個活動證明，公司不是單純地自我感覺良好。也因此，該公司也巧妙地擺脫了金融公司談到產品和服務時必須包含的艱深術語。

儘管希瓦伯公司知道傳統媒體的效用與價值，但克雷格卻把握說故事的機會，直接與消費者交流雙方的價值觀和訊息。或許我們可以從今天開始觀察公司部落格或社群媒體帳號上所發佈的內容，開放才能容納更多事物。

4　讓數據和技術指引。

希瓦伯非常關心顧客的「推薦值」（Net Promoter Score），「推薦值」代表客戶是否願意將公司或相關產品推薦給親朋好友，代表了客戶對公司的滿意度與忠誠度。為此，希瓦伯還進行年度聲譽研究，以確定公司在信任和其他聲譽方面的指標地位。而在過去一年中，用戶體驗研究和測試報告也提供新的見解，如網站和軟體的更新等等，並據此做出修改。

希瓦伯公司的行銷團隊認為，應該衡量各類事項並提出相對應的調整計畫。例如，在行銷方面，該公司已經開發出強大的量測系統，以確保與新客戶和新資產收購相關的媒體（包含印刷、廣播、數位和社群媒體）投資報酬率。

克雷格解釋：「就了解客戶在關鍵時刻的想法而言，我們做得很成功。我們持續擴大技術規模，以協助我們在正確的時間、正確的地點提供正確的資訊給正確的人。」

希瓦伯公司持續學習，與時俱進調整自己，並願意付出，就像健康的人類一樣，快樂、受人尊重且十分長壽！

保持健康

尋求溝通，而向成功邁進的公司，必定會致力於身份定位的認同，而且努力改進。而有殭屍傾向的企業，則多半嘗試依靠過去的光環強渡關山。

本書所提供的秘訣可以協助我們隨時進行健康檢查，朝完全成熟的組織階段邁進。如果已經達成第一階段，以下三個維護步驟有助我們持續安康發展：

1 **一年一度身體檢查**。至少每年評估一次溝通狀況，以確保健康程度。

2 **用溫度計量體溫**。查看 SICK 首字母縮寫所列事項，以確定是否需要進行調整。

3 **填寫處方**。如果感到自己偏離航道，應該重新定位身份，再次承諾核心價值和真實性。

這些看似簡單，卻十分基本，簡明的想法、明確的身份定位，都可以讓我們閃避任何致命的溝通病毒。

榮譽的殭屍救援隊

現在，我們已經讀完此書也完成了一些練習，甚至有可能已經在著手做必要的改變了。邀請自己加入殭屍救援隊的一份子吧，樹立榜樣，加入成功組織的行列，並分享這些價值觀和人性化，拯救更多組織，免於沉淪。

殭屍存在於大城市和小城鎮，需要我們的協助以拯救他們。請記住：其他人可能因為一句善意的話、一個友好的態度或一點人性化的行為擺脫困境，甚至可以拯救一位可憐的、不幸的航空公司員工，讓他重回人間。

透過網址：zombiebusinesscure.com，便可聯絡本書的達人，下載表情符號，並即刻做出以下承諾，成為殭屍救援隊的一員：

我保證，對抗死亡，向我的人類同胞們傳播正念，我們將一起站在這個超級組織上，共同發展並壯大核心價值，戰戰競競而且謹醒地關注他人與自己，和伙伴們分享價值觀，讓所有人得以健康成長，遠離殭屍思維，與快樂的群眾們為增進所有人的福祉而努力。

高談文化
CULTUSPEAK PUBLISHING CO., LTD
華滋出版 拾筆客 九韵文化 信實文化

更多書籍介紹、活動訊息，請上網搜尋 拾筆客

What's Invest

殭屍企業：拯救七個步驟，讓公司重新啟動

作　　者：茱莉．雷利斯 Julie C. Lellis, PhD
莉莎．伊格斯頓 Melissa Eggleston
譯　　者：蔣榮玉
封面設計：黃聖文
總 編 輯：許汝紘
編　　輯：孫中文
美術編輯：婁華君
總　　監：黃可家
行銷企劃：郭廷溢
發　　行：許麗雪
出　　版：信實文化行銷有限公司
地　　址：台北市松山區南京東路 5 段 64 號 8 樓之 1
電　　話：（02）2749-1282
傳　　真：（02）3393-0564
網　　站：www.cultuspeak.com
讀者信箱：service@cultuspeak.com

印　　刷：上海印刷股份有限公司
總 經 銷：聯合發行股份有限公司
香港經銷商：香港聯合書刊物流有限公司

2018 年 2 月 初版　定價：新台幣 450 元

國家圖書館出版品預行編目（CIP）資料

殭屍企業：七個步驟讓公司復活 / 茱莉.雷利斯, 瑪莉莎.伊格斯頓著；蔣榮玉譯. -- 初版. -- 臺北市：信實文化行銷, 2018.01
面； 公分. -- (What's invest)
譯自：The zombie business cure : how to refocus your company's identity for more authentic communication
ISBN 978-986-95451-6-7(平裝)

1.企業再造 2.組織管理

494.2 106023024